拼搏到
无能为力

努力到
感动自己

吕奇嵩 著

U0825989

中国纺织出版社有限公司 | 国家一级出版社
全国百佳图书出版单位

内 容 提 要

我们总是希望自己可以获得巨大的成功和璀璨的成就，却没想到，人生不论如何，总是会遇到各种各样的难关和困境，我们必须去拼搏和努力，必须真正战胜自己，才能够更加勇往直前，无所畏惧。

本书以现代社会年轻人的生存困境为背景，以心理学知识为基础，激励年轻人在成长的过程中一定要更加努力拼搏、顽强进取，才能获得生命的馈赠，才能让自己获得更充实精彩的人生。

图书在版编目（CIP）数据

拼搏到无能为力，努力到感动自己 / 吕奇嵩著.—北京：中国纺织出版社有限公司，2019.10（2019.11重印）

ISBN 978-7-5180-6350-5

Ⅰ.①拼… Ⅱ.①吕… Ⅲ.①成功心理——通俗读物 Ⅳ.①B848.4-49

中国版本图书馆CIP数据核字（2019）第126651号

责任编辑：闫　星　　特约编辑：王佳新　　责任印制：储志伟

中国纺织出版社有限公司出版发行

地址：北京市朝阳区百子湾东里A407号楼　邮政编码：100124

销售电话：010—67004422　传真：010—87155801

http：//www.c-textilep.com

E-mail：faxing@c-textilep.com

中国纺织出版社天猫旗舰店

官方微博http：//weibo.com/2119887771

三河市宏盛印务有限公司印刷　各地新华书店经销

2019年10月第1版　　2019年11月第2次印刷

开本：880×1230　1/32　印张：5

字数：125千字　定价：39.80元

前言

现实生活中，人人都渴望获得成功，人人都希望自己的人生璀璨辉煌。然而，要想拥有光鲜亮丽的人生，只设定梦想的方向还是远远不够的，最重要的在于还要努力拼搏进取，才能改变人生，主宰命运。对于每个人而言，努力拼搏似乎已经成为被提起无数次的话题，甚至一旦说起这个话题，每个人都可以长篇大论发表一通。然而，真正能够坚持去做的人却少之又少，更多的人总是在成长过程中感到迷惘，也总是在不知不觉间就迷失了坚持的方向。因此，不要总是给予人生太多的奢望，而是要更加脚踏实地从容不迫地接受现实，面对人生。

在广受关注的职场栏目《职来职往》中，大名鼎鼎的企业家杨石头曾经说过，一个人一定要拼搏到无能为力，坚持到感动自己。这句话似乎有神奇的魔力，转瞬之间就能把人的骄傲点燃。然而，对于杨石头来说，这样的话不但是一种激励，更是要切切实实落实到行动上的。他不但用这句话激励别人，自己也是这么做的。

很多时候，我们觉得自己已经非常努力了，实际上努力不仅仅是不遗余力这么简单，而是要真正拼尽全力，付出百分之百的努力。很多朋友都喜欢看好莱坞大片，尤其喜欢看那些硬汉出演的大片。实际上，影片中的这些硬汉之所以能圈粉无数，是因为他们总是非常坚持，绝不放弃，并且全力以赴做好该做的事情，所以才能获得成功。

从先天条件的角度而言，人与人之间的差距原本是很小的，之所以每个人在成长的过程中相差迥异，拥有不一样的人生，就是因为他们在人生拼搏的道路上付出的努力和坚持的程度不同。很多人也许会感到委屈，甚至觉得自己已经付出了99%的努力。不得不说，成功就在转角处，如果你只付出99%的努力，而没有坚持再付出最后的1%，你就无法坚持到转角处，更无法获得成功。在这个世界上，任何事情都不可能一蹴而就，要想接近成功，就必须坚持付出努力，才能在积累的过程中不断地提升自身的实力，让自己更加强大。

不可否认的是，人与人之间的确是有差异的，例如，天赋不同。在这种情况下，如果我们是略微劣势的一方，就应该以勤补拙，让人生有更多的成长和积累。记住，天无绝人之路，不管处境多么艰难，都绝不是绝境。对于每一个人而言，只要心中怀着希望，只要努力辛苦奋勇直前，人生就绝不会陷入困顿，而是会找到更多的生机和希望，也收获更多的充实与精彩！

编著者

2018年12月

目录

第 01 章

人生没方向，到哪儿都是流浪

在中国古代社会，曾经有一个人在确立目的地之后，却在前进的过程中选择了错误的方向。因此，他原本为自己准备的旅行条件，如充足的盘缠、精良的马匹和经验丰富的车夫，都成了他前进道路上的阻力，使他离目的地越来越远。这就是南辕北辙的故事。每个人要想在人生的道路上走得更好，就一定要为自己设定方向，这样才能避免漫无目的，也才能不忘初心，砥砺前行。

有梦想指引，人生才有方向

在如今这个熙熙攘攘的时代里，有很多年轻人在努力的过程中，总是不知不觉间就会迷失自我，甚至不知道自己已经到了人生的何处。因此，他们内心非常迷惘，在人生的各种岔路口都会犹豫徘徊，不知道如何才能努力地向前。实际上，对于人生而言，这样的状态是很糟糕的，也常常由于纠结而错过很多好机遇。人人都想抓住好机遇，却从来不知道所有的机遇都是给有准备的人准备的，如果一个人总是对生活漫不经心，总是活在自己对于生活的很多梦想里却不愿意脚踏实地付诸实际行动，那么他们就会迷失自我，也会在成长的道路上失去自己的本心。

要想避免这种情况的发生，最该做的就是确立梦想，坚持梦想。梦想的力量是非常强大的，可以让年轻人在努力奋斗的道路上坚持自己的本心，可以让年轻人在遇到坎坷挫折的时候也能鼓起勇气去战胜，在因为失败而变得颓废沮丧的时候依然可以再接再厉。可想而知，梦想的力量对于年轻人来说有多么重要，在梦想的指引下，年轻人的人生才会有方向，在梦想的支撑下，年轻人的生命才会有脊梁。

曾经有心理学家针对很多人的先天条件展开研究，发现大多数人的先天条件相差无几，只有少部分人有出类拔萃的天赋，也只有少部分人在某些方面非常落后，远远低于正常的人。看到这里，也许有些朋友会感到纳闷：既然如此，为何有的人总是能够获得成功，而有的人却总是那么倒霉，始终与失败纠缠不清呢？其实，这不是由命运决定的，而是由我们与命运的相处模式决定的。成功者并不像大多数人以为的那样有独特的天赋，有超常的能力，也许他们很平凡，但是他们却有一个共同点，那就是绝不服输。在成长的道路上，我们常常需要面对人生的诸多困境，如果选择向命运妥协，放弃努力和拼搏，人生就会陷入困顿之中，毫无发展和变化。只有真正的强者才会选择始终与命运抗争，绝不向命运低头，他们有着遇强则强的特质，越是面对艰难的绝境，他们越会激发自身所有的力量，奋不顾身地去拼搏，全力以赴去努力。正是因为拥有把自己置之死地而后生的勇气，正是因为不管命运多么艰难都有绝不放弃的精神和毅力，他们最终才能成为命运的强者，才能扼住命运的咽喉，勇敢地成就自我！

当然，他们也有梦想。失败者之所以因为一次小小的失败就会放弃努力，不愿意继续拼搏，而是选择以妥协的态度面对人生，是因为他们没有梦想的指引，人生也总是失去方向。当人生失去方向，就像是船只在漫无边际的大海上航行，失去了罗盘和指南针的指引。可想而知，船只最终也许会不知所踪，永远也靠不了岸。所以，我们每个人都要全力以赴经营好属于自己的人生，不要妄自菲薄而限定自己，也不要妄自尊大而高估自己。在拥有梦想之后，我们要理性客观地评价自己，既不要特别谦虚而忽略了自己的长处，也不要过于高调而放大了自己的优点。只有客观公允地评价和面对自己，我们才能在成长的道路上更加快速成长，也才能够在实现梦想的道路上扬长避短，取长补短，最终实现人生的伟大梦想。

确定方向，就要勇往直前

前文说过，对于每个人而言，梦想都是不可或缺的内部驱动力，也给我们提供源源不断的动力，让我们可以开足马力努力向前。这是因为梦想是人生的领航灯，帮助人生确定了方向，让我们可以有的放矢地努力，而避免因为方向模糊做无用功，也避免因为南辕北辙而导致事与愿违。细心的朋友会发现，在人生成长的道路上，一个人是否有方向，结果是截然不同的。

在哈佛大学，有一个著名教授为了研究人生目标对于人的具体影响，特意针对一千名毕业生展开调查。教授问毕业生有没有梦想和人生目标，结果大多数人都摇摇头，表现出很困惑的神情。只有少数人点点头，示意教授他们是有梦想和方向的。教授要求他们把人生目标明确地写下来，结果发现在这少部分人里，至少一半人误以为自己有目标和梦想，实际上并没有准确清晰的目标。也就是说，只有极少数人真的有梦想和目标。若干年后，当教授再对这一千名毕业生展开调查的时候，这些毕业生都已经从意气风发的年轻人变成了中年人，有了自己的事业和家庭。调查的结果显示，只有那些能够把目标和梦想明确写下来的学生，成为社会上的精英人物。而那些自以为有目标和梦想，却不能将其准确描述出来的学生，成为社会上的中产阶级，过着不好也不坏的殷实生活，事业上虽然有所发展和成就，却没有作出了不起的大贡献。剩下那些对于人生没有目标和梦想的人，则都非常平庸。尽管毕业于大名鼎鼎的哈佛大学，但是他们却从事着普通的工作，过着平淡无奇的生活。教授由此得出结论，只有那些拥有明确目标和方向的人，才能在成长的历程中获得出类拔萃的成绩，而那些没有目标和方向的人，在生活中总是难以摆脱随波逐流的命运，因而常常陷入各种被动的状态之中无法自拔，也会因为没有强大的力量而被生活裹挟着朝前走。可想而知，这样的人只能疲于应付生活，而很难拼尽全力、积极主动地创造生活，充当生活的主人。

其实，人生中只有梦想还远远不够，因为如果因为懈怠而迟迟不愿意展开实际行动，更不愿意为了把梦想变成现实而付诸努力，那么梦想就会变得特别苍白，也缺乏伟大的力量。在拥有梦想之后，我们还要确立方向，制订切实可行的计划，然后按照计划的指引去一步一步、脚踏实地地实现梦想，这才是最重要的，如果总是在实现梦想的道路上很迷惘，即使拥有远大的梦想，也不会对人生产生切实有效的指引和作用。

在这个瞬息万变的时代里，知识更新和信息传递的速度非常之快，使得很多大学毕业生刚刚走出校园，就悲哀地发现自己所学的知识已经落后了。在这种情况下，人生应该何去何从呢？不得不说，如果你的思想还停留在只能在学校里接受系统学习的阶段，那么你已经真正OUT了。在如今这个时代里，每个人都需要保持终身学习的好习惯，才能不断地更新自己的知识，也才能在成长的过程中持续地进步和努力，也勇敢无畏地前进。任何人，即使学识非常渊博，也不能保证自己一定处于知识和信息的前沿，唯有怀着积极主动的态度始终坚持学习，唯有怀着不甘落后于人的态度争先恐后地充实和提升自己，我们才能离成功越来越近。

遗憾的是，有太多的年轻人对于人生感到迷惘，他们没有梦想，更不曾为自己设立方向，因此他们只能始终停留在人生的原地转圈，在不知不觉间迷失了自我。有些年轻人虽然非常努力，但是如果方向错了，再多的努力也无法取得预期的效果。很多人都嘲笑毛驴在被蒙上眼睛之后一直在原地打转，而实际上，现实生活中也有很多人非常迷茫，看不清楚人生的去路，也和毛驴一样在原地打转。要想避免这样的情况发生，我们就一定要坚定自己的内心，也擦亮自己的眼睛，这样才能在人生奋进的道路上坚持不懈地向前。记住，人生从来不会很平顺，即使在实现梦想的道路上遇到各种坎坷挫折和磨难，我们也要坚定不移勇往直前，如果对命运示弱，未来的我们也许会面临更多的困境无法战胜。只有在与命运角逐的过程中始终保持强硬的姿态，绝不屈服，我们才会形成与命运相处的正确模式，那就是主宰和掌控命运！

目标决定你人生最终的成就

对于一个学生而言，如果目标是在考试中取得及格的成绩——60分，那么他有很大的可能连60分也考不到，这是因为人们在制订目标之后，就会在无意识状态下调整自己的努力程度，因而导致人们努力的收获往往会低于自己的预期。因此，作为学生，为了稳妥起见，如果想考取及格分数，最好制定目标的时候要比及格分数更高，例如七八十分，这样才能保证及格。在现实生活中，细心的人也许会发现，那些伟大的人之所以取得了了不起的成就，是因为他们在梦想诞生之初，就为自己确立了远大的目标。目标是人生的指引，正是在目标的召唤和驱使下，他们不断地努力进取，最终获得了梦寐以求的成功。从这个意义上来说，目标对于每个人都是非常重要的，只有在目标的指导下，人生才会坚持方向，砥砺前行，不忘初心，无畏前进。

既然如此，作为年轻人，我们一定要拥有目标，然后在目标的指引下不断努力，勇敢无畏地前行，才能够收获更多，也才能够让自己在人生的道路上奋勇前进。很多平凡的人都是因为在人生前进的道路上遇到了很多困境和障碍，从而激发生命的力量。

海伦·凯勒出生的时候是一个非常健康的孩子，后来在19个月的时候患上严重的猩红热，生命垂危，陷入昏迷之中。当从昏迷之中醒来的时候，海伦的身体发生了改变，两耳失聪、双目失明。后来她才意识到自己与他人的不同，也因此而变得心情焦虑、惶恐不安，脾气越来越暴躁。爸爸看到海伦这么痛苦的样子，给海伦请来一位叫莎莉文的老师。莎莉文的到来，给海伦的人生打开了崭新的天地，海伦也为自己确立了生活的目标：要像正常人那样能读书、写字。功夫不负有心人，果然海伦渐渐地学会认字、读书。她的眼睛虽然看不到，但是她的心却非常敏感聪慧。在莎莉文老师耐心的引导下，海伦的世界不再黑暗。后来，海伦不但完成了大学课程，获得了大学文凭，还成为一名作家和慈善家。后来，有记者采访海伦是如何做到这一切的，海伦坦率地说，如果不是因为这样的重度残疾，她很有可能人生平庸。

有的时候，困境和逆境会激发我们生命的力量，也会让我们的人生拥有更多的机遇和可能性。所以不要抱怨命运，当你遭受命运更多的磨难，一定要对命运满怀感激。只要你的内心始终怀着梦想，也始终坚持奔向伟大的目标，就可以在人生之中绚烂地绽放，也可以让自己的人生变得与众不同、精彩绝伦。

施瓦辛格出生于1947年，受到警长父亲的影响，所以他对健身很感兴趣，也很喜欢体育锻炼。1968年，施瓦辛格到了美国生活，也正是在这个时候，他树立了自己的目标：成为大明星。然而，出生普通、资质平平的施瓦辛格，要想摇身一变成为大明星谈何容易呢？为了增加自己的人气，也为了提升自己的知名度，施瓦辛格参加了很多次健美先生大赛。因为在当时的美国，健美先生的比赛非常盛行。因为从小就很喜欢体育锻炼和运动，所以施瓦辛格很快就从健美比赛中脱颖而出，还在1983年的国际健美比赛上，获得了“健美先生”的荣誉。

其实，施瓦辛格在成为健美先生之前，就已经开始涉足影坛，但是所参演的角色都很普通且平常。直到取得“健美先生”的荣誉称号一年之后，施瓦辛格得到了出演《终结者》的机会，并且凭借这部影片获得了最佳男主角的提名。在1991年他拍摄了《终结者2》，这部影片让施瓦辛格获得了从未有过的高片酬——1500万美元。后来，施瓦辛格实至名归，获得MTV电影奖最佳男演员奖。

后来，施瓦辛格还凭着自己在演艺圈的名气和财富，在2003年成功当选美国加州州长。不得不说，施瓦辛格之所以能够成为举世闻名的硬汉和最佳男演员，就是因为他有着明确的目标，而且在确立了目标之后坚定不移地走好每一步。

人生的路不管多么漫长，总是需要一步一步地去走，才能积累小小的进步和成就，也才能把每一件事情做得更好。在现实生活中，我们常常会面临人生的很多坎坷境遇，在这种情况下，一味地退缩和抱怨显然是不可取的，只有更加努力奋进，才能朝着目标前进。有些人常常会犯眼高手低的错误，即把很多事情都看得很简单，等到真正去做的时候，却发现一切并不像自己所想的那么简单，这样一来，无形中就会受到打击，也会对人生充满太多的困惑。

生命的意义到底是什么呢？不是一味地享受，也不是证明自己的与众不同，而是在确立目标之后，努力向着目标奋进。当然，在确立目标的时候也需要注意，既不要把目标确立得太高，也不要把目标确立得太低。太高的目标总是脱离人生实际，又因为过于远大而对人生失去指导意义，也常常会让追求目标而不得的人感到颓废沮丧。太低的目标对于人生也没有指导的意义，导致无法督促人成长和进步，所以也是不利于人生成长的。只有恰到好处的目标，才能让我们鼓起信心和勇气，在人生的道路上始终坚定不移地前行。在确立目标之后，还可以把目标进行分解，否则目标很远大，使人在长期努力的过程中看不到自己的收获。当把目标分解为中期目标和短期目标，人在短暂努力之后就可以看到小小的成就，也因此而激励自己迸发出更大生命的力量，努力前行。

有梦想，人生才能飞翔

梦想这个东西很奇怪，有人说它是人生的领航灯，有人说它是海上的灯塔，也有人说它是每个人在人生道路上奋斗的力量源泉。实际上，梦想还有一个非常特殊的身份，那就是它是每个人的翅膀，可以带着我们在人生的天地间翱翔。

当然，在拥有梦想之后，我们第一时间感受到的绝不是欣喜，因为从确立梦想到实现梦想之间，还有着漫长而又艰难的道路需要我们去走。然而，对于人生而言，梦想的道路一旦选定，就算跪着也要走完，如果遇到小小的挫折与坎坷就轻言放弃，别说是实现梦想，就算是靠近梦想都会变得异常艰难。所以，有梦想是一件很简单容易的事情，但是要想真正靠近梦想，实现梦想，却是很难的。尤其是人生常常不如意，很多人在面对梦想、接近梦想的过程中，常常会在不知不觉间迷失自己。那么，就要始终牢记梦想，否则人生就会折翼，再也无法飞翔。特别是对于那些遭受命运考验、人生艰难前行的人而言，越是在看似绝境的境遇中，越是在一无所有的状态下，越要把梦想当成自己人生中最大的财富。

对于梦想，每个人都有不同的理解，有人觉得梦想就是志向，有人觉得梦想就是理想，还有人觉得梦想就是野心。从本质上而言，这些理解都很对，因为梦想的特点就是远远超越于现实。因此，有些过于远大的梦想因为不切实际，也常常遭到他人的嘲笑。马云曾说过，被嘲笑的梦想才是真的梦想，这也告诉我们真的梦想总是听上去有些异想天开，做起来有些茫无头绪。但是只要你足够坚持，绝不放弃，你最终就可以驾驭和成就梦想，也能借助梦想的力量让自己飞翔，创造生命的奇迹。

杰西卡出生在1983年，她一出生就没有双臂，这让父母在看到她的那一刻感到深深的悲哀和深切的心痛。然而，父母很快调整好心态，既然命运赐予他们一个折翼的天使，他们就只能用爱守护着这个天使成长。小时候，杰西卡不知道自己和其他孩子有何不同，除了没有双臂，她健康快乐，也得到了父母深切的爱。随着渐渐长大，她越来越伤心，当看到那些健全的孩子自由自在地奔跑，她忍不住掉下眼泪。面对杰西卡的抱怨，妈妈非常平静，以如常的语气告诉杰西卡："上帝没有给你翅膀，是为了让你拥有梦想，因为梦想也可以带着你飞翔。"杰西卡有些不相信妈妈的话，问妈妈："我可以和其他孩子一样吗？"妈妈点点头，说："只要有梦想作为翅膀，你甚至可以比其他孩子飞得更高，飞得更远。"听着妈妈坚定不移的话，杰西卡相信了，她决定要用双脚来代替双手，做好生活中的每一件事情。

父母倾尽全力地帮助杰西卡，也总是不遗余力地鼓励杰西卡。杰西卡，在制订了详细周密的计划之后，也投入对自己脚部的练习之中。很多对于健全孩子很容易的事情，对于杰西卡而言却是很困难的。为了学会用脚吃饭、写作业、操作电脑，她不知道练习了多少遍。最终，杰西卡学会用脚来做很多事情，这对于她而言，是巨大的成功。正如妈妈所说的，杰西卡以梦想作为翅膀，不但大学顺利毕业，还学会了很多技能，诸如游泳、跆拳道、驾驶汽车、驾驶飞机……对于大多数人都不能从容做到的事情，她全都做到了。

作为一个没有翅膀却能飞翔的女孩，杰西卡在人生的道路上获得了巨大的成功，她甚至比四肢健全的人飞得更高。在演讲的时候，杰西卡总是强调要以梦想作为翅膀，来分享自己在人生中腾飞的经验。

对于人生而言，有太多的未知因素都在发生作用，我们与其在人生历程中感到惶恐不安，不如有的放矢地面对未来，这样才能在面对人生的过程中有更多的成长和发展。任何时候，我们都不要被人生中虚张声势的困难吓倒，而是要拥抱梦想，内心笃定地前行。很多时候，当我们面对人生的困境时，内心总是感到迷茫。实际上，只要梦想还在，坚持做好自己想做的事情，人生就可以在坚持努力之后水到渠成。

人人都渴望成功，实际上，成功从来不会从天而降，我们只有不断地努力，持续地进取，才能获得成功。任何时候，人生都需要面对很多艰难困苦，只有走好属于自己梦想的人生道路，全力以赴地拼搏和进取，我们的人生才会有更多美好的未来，也才会取得更加充实绚烂的成就。

当你一往无前，世界都会为你惊叹

一个人如果不知道自己去哪里，即使面对很多的人生出路，也根本无法选择。而有些人则恰恰相反，他们总是清晰地知道自己的人生出路，也很明白自己在未来的人生之中会面临怎样的遭遇和困境，因此，他们常常会更加积极地面对人生，对于人生也更有想法，更有主见。这样的坚定不移、一往无前，让世界都为他们惊叹。在他们所到之处，他们的精神力量也会呈现出来，给予身边人更多的影响和成长。

美国大名鼎鼎的作家艾默生曾经说过，一个人如果知道自己要去哪里，全世界都会给他让路。这样的话听起来有些玄妙，实际上却有深刻的道理。这是因为一个内心坚定、目标明确且能够做到一往无前的人，总是能够不断地成长，持续地进步，也总是能够在人生道路上坚定不移地向前。不管是坎坷还是泥泞，不管是风雨还是雷暴，对于他们而言都是人生的小插曲，他们的心中只有自己的目标，只想一往无前地前进和努力，有这样的人生态度当然会成功。

现实生活中，有很多年轻人都对人生充满抱怨，觉得人生之所以这么无奈，就是因为命运不公。他们羡慕别人都有好运气，也总是希望在成长之中有更美好的未来，却不知道别人的运气都是靠着努力争取才获得的，而从来不是从天而降或者平白无故得到的。运气，总是在漫长的历程中不断积累起来的，任何时候，我们都不要在人生之中有太多的期望，更不要奢求不劳而获，只有不断努力地拼搏进取，朝着确立的人生目标前进，我们才能在人生的道路上不断地成长，也在点滴的积累中获得更加丰厚的人生资本。

在如今的职场上有一个困境，就是有很多用人单位招聘不到好的人才，而偏偏也有很多大学生抱着本科文凭、研究生文凭，甚至是博士、博士后的文凭找不到合适的工作。不是因为用人单位太挑剔，而是因为太多的年轻人根本不知道人生的道路应该何去何从。任何时候，我们对于人生都要内心笃定，唯有如此，我们才能脚踏实地地前进。如果因为人生瞬息万变，我们也总是跟着改变，这样是无法获得成功的。

自从大学毕业后，艾诺就在设计公司工作，是一名文案。因为是做幕后工作的，所以艾诺的薪水很低。因此，艾诺不止一次想要辞职，但是妈妈说什么也不同意。只要艾诺想要辞职，妈妈就会说供养艾诺上学都白费精力和金钱了。就这样，艾诺每天工作都不开心，常常当一天和尚撞一天钟。最后，艾诺终于下定决心要辞职，却又因为结婚、生孩子等事情耽误了。

10年之后的同学聚会上，艾诺看着曾经的同学都事业有成，人生也风生水起，不由得羡慕不已。在聚会进行到一半的时候，艾诺曾经的同桌终于到场。看到以前被称呼为“丑小鸭”的同桌变成了白天鹅，那么气质如兰，艾诺受到了太大的刺激。得知同桌出国留学后，如今在一家外资企业工作，是不折不扣的白领，艾诺恨不得找个地缝钻进去。回到家里，艾诺当即辞职。虽然妈妈和丈夫都劝说她不要冲动，也对她作出妥协，希望她找到新工作后再辞职，但是艾诺却说：“不管现在有没有新工作，我都不要再继续做这份工作。”艾诺义无反顾地辞职了，她有信心要走出崭新的人生道路。

一个人即使知道自己想要怎样的人生，却不能脚踏实地去走，那么他就会离这样的人生越来越远。案例中的艾诺为了获得自己理想的人生，犹豫纠结了很久，甚至错过了最美好的青春年华，还好她最终勇敢地迈出了这一步。在人生之中，千万不要晚上想想千条路，白天醒来走老路。很多时候，只有不断地努力进取，人生才会有更多的希望和未来可以争取。

对于人生，也不要抱着走一步算一步的想法，而是要有规划。规划既要有长期的，也要有中期和短期的，这样才能有的放矢地帮助我们面对人生，获得成长。记住，对于一个根本不知道想要什么的人，即使命运也不能帮助他完成心愿。要想得到什么，我们必须首先知道自己要什么；要想收获什么，我们必须首先在人生的土地上耕耘什么。所谓种瓜得瓜，种豆得豆，这种规律总是存在的。所以在人生的漫长道路上，我们一定要当一个坚定不移地奔着目标前行的人，唯有如此，我们才能不断地进取，持续地努力，也才能让自己的人生更加卓尔不凡、出类拔萃。

时刻倾听内心的声音

现实生活中，很多人都羡慕成功者，有些人误以为成功者的成功总是一蹴而就的，因此对于成功者总是有各种羡慕嫉妒恨。也有人知道成功者在真正获得成功之前，付出了太多辛苦和努力，因此对于成功者的人生，总是有很多揣测，甚至希望自己也能获得同样的成功。然而，每个人都是这个世界独一无二的生命个体，每个人面对人生都会有自己独特的渴望和收获。因此，每个人的人生和成功都是不可复制的。

不得不说，在如今的时代里，每个人生存的压力都很大，为此大家都行色匆匆，根本没有时间停留下来倾听花开的声音，更没有时间与自己独处，倾听自己内心的声音。在这样的情况下，我们尽管每时每刻都在努力进取，但是却在不知不觉中迷失了自己。面对没有方向的人生，即使再怎么努力，又能如何呢?在迷惘中，在人生的道路上冲撞，这样的未来一定会让我们身心疲惫，甚至还会事与愿违。因此，要想让人生获得成长，有所成就，我们不要因为砍柴而耽误了磨刀的工夫。所谓磨刀不误砍柴工，就是我们只有花时间把刀磨得锃亮，才会节省砍柴的时间，好比人生只有把握好方向，才会有更好的成长和更为广阔的发展空间。

相信很多人在成长的过程中都会面临各种困惑，不是这个世界变化太快，而是我们没有有的放矢地激发生命的力量，没有全力以赴做好自己该做的事情。更多的时候，我们迷失了本心，却不愿意反思自己，而是继续在人生的道路上误打误撞，不得不说，这对于人生而言是非常糟糕的，也会导致人生面临很多困境。任何时候，不忘初心，方得始终，我们必须很努力，才能在未来拥有更为广阔的天地。因此，不要再埋头苦干，一味地向前了，我们必须更加艰苦卓绝地努力，全力以赴去争取，才能让自己拥有更多成功的资本。

记住，在这个世界上，成功从来不会从天而降，天底下也没有免费的午餐。要想有收获，我们必须努力付出，要想获得未来，我们必须在今天就辛苦地耕耘。这个时代的发展速度非常快，每一个人要想拥有更加美好锦绣的未来，就必须努力付出。也许在几十年前，人们在形容一个人非常勤奋刻苦的时候，总是说他们是老黄牛。但是在今日，老黄牛显然已经不再是褒义词，而是成为不能紧跟时代潮流、不能与时俱进的代名词。任何时候，我们都要快速成长，才能有的放矢去努力。如果方向错误，一切有利的因素都会变成不利因素，人生也会跌落谷底，这当然是非常糟糕的。任何时候，都不要对人生有太多不切实际的奢望，梦想再美好，也必须建立在脚踏实地的基础之上，才能真正地得到机会去付诸实践。在实现梦想的过程中，也不要一味地埋头苦干，而是要每时每刻都坚持认清自己的内心，倾听自己内心的声音，才能在成长的过程中提升效率，事半功倍。

很久以前，美国的一位科学家用苍蝇和蜜蜂进行了实验。他分别把五只苍蝇和五只蜜蜂放入两个玻璃瓶里，然后又把玻璃瓶的底部对着光亮的方向。结果，蜜蜂马上就朝着玻璃瓶底飞过去，虽然蜜蜂一次又一次撞得晕头转向，但是它们认准了玻璃瓶口就是它们的方向，因此它们总是向玻璃瓶底撞击，最终都死掉了。但是苍蝇呢，因为它们总是四处乱飞，根本不在乎所谓的方向，所以苍蝇最终反而飞出了玻璃瓶，获得了生机。当然，这个实验的目的不是让每个人都要向苍蝇学习，盲目乱飞。也不是让人向蜜蜂学习，总是朝着错误的方向去努力。而是告诫每一个人，一定要把握正确的方向，才能让努力有所收获，才能让成长事半功倍。而南辕北辙地努力，只会导致越来越严重的后果。

生活在如今的时代里，每人每天都在匆匆忙忙地赶路，不要紧张，不要焦虑，更不要因为匆忙而忽略了倾听自己内心的声音。当你发现自己在努力之后并没有如愿以偿得到结果，当你发现一切的拼搏进取都失去了意义，也不要慌张。只要你能够静下心来想一想自己需要怎样的人生，拼尽全力去做好自己该做的事情，你就会有方向，你的努力也就会有成果。在漫长的人生道路上，每个人都难免会有迷惘的时候，这是因为心变得不再清楚。只要我们试试询问自己的内心，也探究自己的灵魂，我们的人生终究会有更多梦寐以求的变化出现，也会呈现出更为广阔的天地和未来。

人生越是忙碌，时间越是宝贵，我们就越要全力以赴经营好人生，确定方向。如果总是把宝贵的时间用来做毫无意义的事情，就会事与愿违，则人生一定会更仓促，很多事情也就会有更糟糕的结果。记住，把握方向，努力才是更有意义的。任何时候，方向都比努力更加重要，所以，先确立方向，接下来再去努力，这才是最为重要的事情，也是人生应该捋清楚的先后顺序。

第 02 章

努力才是一辈子的护身符

人们常常抱怨自己没有得到命运的善待，也常常羡慕别人都有好运气，总是能够获得好运的青睐。实际上，命运从来都是公平的，我们必须更加坚定不移地前行，才能有的放矢地面对人生，也需要毫不吝啬地付出努力，才能在成长的道路上不忘初心，砥砺前行。记住，不管面对怎样的人生，努力都是一辈子的护身符，所谓越努力越幸运，就是如此。

够努力，才幸运

在你心里，有一类人特别幸运，他们一出生就含着金汤匙，在生活中总是顺风顺水，轻而易举就能得到别人梦寐以求的成功。那么他们为何这么幸运呢？也许是因为他们的父母有坚实的基础，也为他的人生奠定了更高的起点。但是，这样的人毕竟是少数，生活之中，大多数人都只有普通平凡的父母，也注定要有普通平凡的人生。任何时候，我们都要非常努力和振奋精神，才能够战胜生活中的困厄，让自己变得更加强大。

人们常说，越努力，越幸运，是有道理的。努力的人会让自己变得更加强大，也随时做好准备抓住各种各样的机会，这样对于他们而言，人生成功的机会就会更多。人们常说，力气是用不完的，这就告诉我们，当我们不吝惜力气，常常做得更多，也做得更好，我们的人生就会有更加绚烂的成长和发展。

现实生活中，常常有人抱怨自己的人生没有更好的未来，不得不说，这样的成长是毫无目的和意义的，因为抱怨非但不能解决问题，还会产生很多负面影响。与其因为抱怨而给人生带来很多负面影响，不如有的放矢地经营好人生。记住，很多问题并不会主动消失，我们要做的就是主动对人生出击，这样至少拥有了主动权，也可以给予人生更多的机遇去拼搏和努力。

古今中外，很多伟大的成功人士未必有独特的天赋，也没有得到命运的青睐，他们之所以能够获得成功，就是因为他们非常努力，决不放弃。当然，也许有朋友会说，努力未必会有收获，那么不努力呢？不努力难道就会有收获吗？不努力，是没有任何收获的。与其荒唐度过人生，不如拼尽全力在人生中获得成长和发展，这样一来，即使有可能遭遇失败，也可以从失败中汲取经验和教训，远远比为了逃避失败而故步自封要好。

人生，从来不会给予我们太多的时间去犹豫，当确定了人生方向，你第一时间就要去努力，这样不管未来如何，你都很好地保证了前进的速度。当然，与努力赢来好运气相比，最重要的是要维持好运气。有些人之所以能够在人生道路上始终与好运相伴，是因为他们不会随随便便就松懈，而是会把努力坚持下去。

不得不说，在如今这个时代里，生存的竞争的确是很激烈的。不管什么时候，我们唯有更加努力，才能奠定人生的基础。这个世界上从来没有一蹴而就的成功，也没有天上掉馅饼的好事，每个人只有在付出之后，才能得到收获。

记住，我们没有办法改变世界，但是我们却可以改变自己，可以爆发出自身的力量，渐渐地改变他人。现实生活中，有很多年轻人都有拖延的坏习惯，实际上，尽管年轻人有很多时间和精力，却也要珍惜。生命的时光是非常短暂的，而且很容易流逝，与其把事情做在后面，不如把事情做在前面，这样万一做不好还可以弥补，万一有失误还可以纠正。从当下这一刻就开始不遗余力地努力前进，这样我们才能确立人生目标，拥有人生信仰，才能让自己做得更好，更加成功！

坚强的人才能把控命运

很多时候，我们会把各种不如意都归咎于命运，而实际上，人生中的很多事情都是由自己决定的，而不是由外部的客观环境以及人与事情决定的。在人生的历程中，不如意是常态，很多人都因为内心惶恐而失去了对人生的主宰权利。实际上，对于人生而言，一味地陷入困境之中无法自拔，对于我们是难以避免的损失。面对不如意，我们必须更加勇敢坚强，才能真正地把控命运，从容地成就人生的未来。

常言道，靠山山会倒，靠树树会跑，实际上，山倒的可能性很小，树跑的可能性也很小。最重要的在于，我们要让自己变得强大起来，因为每个人都是自己唯一的依靠，都是自己的上帝。纵观古今中外，大多数人之所以能够获得成功，是因为他们坚定不移地做自己，也是因为他们对于人生有更多的美好憧憬和渴望，更在于他们可以始终坚持自己的梦想，做好自己该做的和想做的事情。对于每个人而言，天大地大，一定要拥有独属于自己的世界。这样的世界是我们未来的人生寄托，也是我们努力争取和面对一切的雄厚资本。

在如今的世界上，你在很多地方都可以看到希尔顿酒店。作为高端酒店的知名品牌，希尔顿酒店已成为很多追求品质的人在外出行的不二之选。那么，又有谁知道希尔顿酒店是如何成立和发展起来的呢？其实，希尔顿酒店在最初成立的时候，只有5.7美元的启动资金。它的创始人希尔顿非常优秀，非常努力，最终用这么少的资金打造了一个帝国。

当时，希尔顿才20岁，开了一个很小的家庭旅馆作为自己的圣诞礼物。与此同时，他告诉妈妈："我一定会非常努力，将来有朝一日以我的名字成立一家崭新的旅馆，而且要让这个旅馆连锁经营，开遍世界上的很多国家。"转眼之间，时间过去了21年，希尔顿实现了自己当年的梦想，成功地让希尔顿酒店成为举世闻名的连锁酒店。实际上，这21年间，成功绝非一蹴而就，希尔顿也曾经历风雨，遭遇坎坷泥泞。他的伟大之处就在于，他始终没有放弃。

当年，希尔顿在获得了人生的第一桶金之后，接连开了几家酒店，还筹集了175万美元在美国西部开了一家大酒店。这个酒店对于希尔顿来说就是人生的希望和未来，但是很糟糕的是，希尔顿开酒店的时机不是很好，当时正值经济低迷期，希尔顿的酒店生意也受到很大的影响。希尔顿为酒店的经营发愁，不知道怎么做才能带领酒店渡过难关。然而，他没有放弃，带领全体员工开源节流。即便如此，希尔顿还是因为经营艰难而关闭了3家酒店，他觉得自己实在无力继续支撑下去，对母亲抱怨，还说自己也许应该改行。为了让希尔顿更好地面对未来，母亲鼓励希尔顿："你的人生你做主，但是孩子，只要你不被困难打倒，一切困难都是暂时的。"在母亲的鼓励下，希尔顿再次鼓起信心和勇气，拒绝破产。为了熬过漫长的经融危机和经济萧条情况，他尝试了很多办法。最终，在亲人的帮助下，在自己的不懈努力下，希尔顿酒店终于渡过了难关。此后的希尔顿酒店，不但还清了所有债务，而且更加绚烂地发展壮大！

路，就在每一个人的脚下，重要的在于，每一个人是否愿意真正去走好属于自己的人生之路。很多人也很努力，但一遇到小小的坎坷和挫折就会放弃，不得不说，这样的努力根本不够力度。也有很多人在面对人生的未来境遇时，即使遭到打击，也总是坚持不懈地努力向前，这样的人一定是非常执着的，也是非常勇敢无畏的，他们是真正的人生强者，所以人生才会在他们的努力下开花结果。

当人生遭遇困境，告诉自己不要放弃，要继续勇敢前行。努力的你，哪怕荆棘密布，也会找到属于自己的人生之路。正如大文豪鲁迅先生所说的，这个世界上本没有路，走的人多了，也便成了路。所以，我们要想走出属于自己的人生道路，就一定要勇敢无畏，坚定前行，这样才能让自己变得更加果断和坚决，也在面对人生困境的时候毫不犹豫。记住，人生需要坚强，从现在开始，就让我们踏上拼搏之路，始终努力前行，无所畏惧！

努力拼搏，永不放弃

有人说人生就像在大海上航行，有人说人生就是一场旅程，也有人说人生是未知的探索。不管如何理解人生，只要有自己的道理，就都是正确的。但是，不管你所以为的人生是怎样的，有一点毋庸置疑，人生需要拼搏，需要奋斗，需要勇敢无畏地努力前行。在成长的道路上，很多人都会有各种迷惘和困惑，也常常会对艰难的处境有所懈怠。实际上，古往今来那些伟大的人之所以能够获得成功，不是因为他们有天赋，不是因为他们接受了最好的教育，也不是因为他们得到了命运的青睐，而是因为他们在面对人生的时候，努力拼搏，绝不放弃。

前文说过，确立梦想，确定方向，是比努力更加重要的。这就像是人们常说，只有拥有健康的身体作为1，未来才能够获取更多的0，诸如金钱、权势、名利等。这些东西原本都是生命历程中的身外之物，只有在生命的前提和基础上，才能变得更有意义。因此，我们要先拥有梦想作为指引，才能更加努力奋斗，拼搏向前。如果总是在生命历程中徘徊，在人生的诸多十字路口犹豫和纠结，人生就会失去各种千载难逢的好机会，变得越来越迷惘和困惑。

古人云，生于忧患，死于安乐。这句话告诉我们，拼搏会让人生变得更有意义，也更加有动力。一切伟大的事业，如果没有坚持奋斗和拼搏，如果总是在努力的过程中迷失，则渐渐地就会忘却本心。项羽当年在巨鹿之战中能够战胜强大的秦军，就是因为他有破釜沉舟的精神。在现实生活中，知道人生要拼搏的人很多，但是能够坚持拼搏到底的人却很少。要想把各种事情都做成功，我们也要非常努力拼搏，甚至破釜沉舟，这会让我们的努力更加事半功倍。

布鲁斯曾是苏格兰的国王。他在位期间，英格兰的国王率领大军入侵，毫无疑问，没有人愿意当亡国奴，为此布鲁斯率领苏格兰人民进行了誓死抵抗。然而，英格兰的军队力量很强大，他们一次又一次地发起进攻。而布鲁斯因为指挥失误，也因为在被入侵之前并没有做好充足的作战准备，因此，他六次对战都失败了。在这种情况下，布鲁斯濒临崩溃，苏格兰人民对于未来的一切也感到非常忧虑。因为被敌人步步紧逼，布鲁斯只能在一间小茅草屋里暂时栖身。

身心俱疲的布鲁斯，看着外面的倾盆大雨，万念俱灰。他突然感到非常绝望，甚至以为自己只能接受亡国奴的命运，带着整个国家向英格兰国王俯首称臣。一想到亡国，布鲁斯忍不住潸然泪下。后来，布鲁斯无意间发现一只蜘蛛正在墙角忙碌地织网。心浮气躁的他抬手把蛛网扯掉，然而，蜘蛛很快又在原来的位置上结出一张网。布鲁斯又一次破坏了网。没想到，这只蜘蛛和布鲁斯一样非常顽强，它又一次开始织网。就这样，一次又一次，布鲁斯把网破坏，也是一次又一次，蜘蛛把网编织好。布鲁斯不由得受到震撼：“我也和这只蜘蛛一样经历了六次失败，为何不能像蜘蛛一样坚强勇敢，再尝试一次呢？”想到这里，布鲁斯马上召集军队，并且把蜘蛛的故事讲给军队里的每一个将士听。在布鲁斯的鼓舞和激励下，全体将士抱着必死的信念与英格兰的侵略军展开战斗。此后，不管经历了多少坎坷挫折和磨难，他们都从未放弃过，而是每一次都拼尽全力去抵抗侵略，去赶走侵略者。最终，布鲁斯带领苏格兰全体军民，战胜了英格兰的侵略者，保持了国家的独立性。

如果布鲁斯当时选择了放弃，那么他们的抵抗就进行到第六次，而没有第七次的机会。但是，布鲁斯没有放弃反抗，在一只蜘蛛的启发下，他振奋精神召集军队继续战斗，直到把侵略者赶出去为止。

对于人生之中的很多事情，我们是拼搏，还是放弃，当我们采取不同的态度，就会面临截然不同的结果。任何时候，都不要放弃对于生命的努力，只有激发起自己所有的力量、所有的激情和热情，我们才能变成真正的人生强者，在人生的道路上砥砺前行，无所畏惧。记住，人生不可重来，任何时候，我们都要全力以赴，才能得到生命丰厚的馈赠，也才能持续地成长和成熟。

人生，从来没有特定的样子，不管是成功还是失败，人生都是我们的作品，都出自我们的手。既然如此，我们就不要总是对人生有太多不切实际的奢望，而是要抱持脚踏实地的态度，这样才能一点一滴积累人生的资本，也才能把每一件事情都做得更好。古人云，不积跬步无以至千里，不积小流无以成江海。任何时候，我们都要非常勤奋和努力，才能全力以赴完成对于人生的设想，也才能真正做好自己该做的事情。记住，我们来到这个世界上不是为了一直承受失败，我们必须努力进取，必须怀有成功的志向和坚强的意志力，才能让自己生活得更好，也才能真正创造生命的奇迹！再难的事情，只要你很认真，非常努力，就一定能坚持做好！如果你总是沉迷，总是不知道如何面对人生，在未来成长的道路上，你一定会迷失自我，也会对自己失去信心和希望！你的人生你做主，你做好准备了吗?

再美好的设想，不去做就是空想

很多朋友都很困惑，自己明明已经拥有非常美妙的设想，但是人生却始终没有巨大的进步和发展，这是为什么呢？这是因为缺乏行动力。想象再美好，如果不能变成现实，就会变成毫无意义的空想，也会在成长的道路上迷失自己，失去自己努力奋斗的目标和方向。真正美好的设想，一定要有行动力作为支撑，这样才能在成就人生的道路中有更好的成长和未来，也才能在面对人生的旅途中，获得真正的收获和进步。否则，当梦想耽搁于空想，反而会阻碍人生发展。

现实生活中，很多人都吝啬付出力气。尤其是有些年轻人，刚刚从大学校园里走出来，要经验没有经验，要资历没有资历，对待工作又很懈怠，他们把所谓的分内之事与分外之事划分得很清楚。因此，他们不愿意做超出工作范围之外的工作，在与同事相处的时候，也总是界限分明。不得不说，对于这样的职场新人，老员工都不愿意去教他们，甚至还会嫌弃他们，因此他们的进步一定会很慢，他们的人生也会失去各种可能性。在人生的道路上，只有真正勇敢无畏、勤于动手的人，才能获得成长和发展，也会获得切实的进步。

遗憾的是，如今有太多的人都没有意识到这一点，他们总觉得自己的人生有很多机会和可能性，也常常会情不自禁想要找到捷径，从而一蹴而就。如果一定要说成功会青睐某些人，那么成功所青睐的也是那些坚持努力的人，那些绝不放弃的人。当你真正去做，当你努力付出，你就会有更多的收获，你就会获得成功。

很多时候，我们会羡慕他人的成功，觉得他人之所以能够获得成功，一定是因为他们有好运气。其实，每一个成功者都在坚持每天多做一点点的原则，他们不但在生活中多努力一点点，在工作上也会多成就一点点。日久天长，他们就会获得更大的成功，就会在成长过程中得到更多的收获和成长。当然，即使只做一件小事情，要想坚持下来，也是很难的。正如人们常说的，做一件好事很容易，但是坚持做很多好事却很难。由此可见，只有真正能够坚持下来的人，才会获得成功，才会获得长足的进步和发展，也才会拥有更加美好广阔的人生和未来。

很多朋友都喜欢研究成功定律，学习成功大法，实际上，成功从来不会轻而易举获得。每天多做一点点，也许短期内我们看不到成功的迹象，但是随着时间的流逝，我们一定会积累更多，也会距离成功更近。在每年评选出来的感动中国人物中，有对人类社会做出杰出贡献的人，也有数十年如一日把平凡的小事做好的人。如果我们是老师，就要守护好三尺讲台，给予学生更加耐心的引导和教育；如果我们是农民，就要耕耘好自己的土地，种植出更多丰硕的果实，供人们享用；如果我们是司机，就要握好手中的方向盘，保证乘客的生命安全……总而言之，在现实生活中，每个人都有不同的角色，要想扮演好自己的角色，我们就要脚踏实地，把每一件小事都做好。

在成功学中，“付出定律”是每个渴望成功的人都应该关注的。它告诉我们，每个人都要努力付出，才有可能得到回报。当然，也许有朋友会觉得，付出也有可能没有回报。的确如此，付出也有可能没有回报，但是不付出绝对没有回报，你选择哪一个呢？最重要的是，怎样过都是一天，我们当然要更努力地过好每一天。你把时间花在哪里，哪里就会开花结果；你把生命的光阴用在哪里，哪里就会绽放精彩。当你充实地度过人生的每一天，你的人生就会因此而充实美好，给予你丰厚的回报！

理性地努力，做最好的自己

很多人都会感到迷惘和困惑，因为他们不知道自己努力的目的是什么。因此，他们常常会在努力的过程中迷失方向，也因此而怀疑自己，导致自己的行动变得迟疑不定，导致自己的人生变得更加无助。实际上，努力不管出于什么目的，都是为了遇见最好的自己。

常言道，金无足赤，人无完人。很多时候，我们面对人生的各种困境，的确会感到非常迷惘和无助，然而，人生的成长每时每刻都在进行。有些朋友误以为所谓学习只能在学校里进行，其实在如今的时代背景之下，每个人都要保持终身学习的好习惯，才能可持续发展，也才能让自己变得更加强大和充实。任何时候，我们都要更加从容不迫，才能获得成长。面对自己不如意的地方，我们也要对自己怀有包容的态度，这样才能激励自己不断进步，也帮助自己持续成长。

对于生命的意义，很多哲学家都没有作出明确的解答。实际上，对于人生，每个人都有自己的理解，只要从自身的实际出发，只要坚定人生的梦想和方向，就会有所收获。其实，没有人生而就很成熟，对于人生有入木三分的审视，只有在不断进取的过程中，在时间流淌的长河里，我们才能慢慢成长，对人生有更加深刻的思考。还需要注意的是，人生是需要经历的。所谓不经历无以成经验，我们唯有不断地经历才能持续地成长，也唯有更加用心对待生活，才能获得生活的馈赠。西方国家有句谚语，赠人玫瑰，手有余香。的确，很多人在付出之后，也许不经意间就会有收获。那么我们在努力之后，也要有一个静待花开的过程。即使努力了没有达到目标，我们也会收获更强大和美好的自己。

现实生活中，总有很多朋友会在不经意间迷失自己，他们被生活的条条框框限制住，也常常迷失了本心，导致自己在人生的道路上有很多迷惘和困惑。他们迫不及待想要挣脱这一切，却不知道自己真正想要做的是什么，真正想要得到的是什么。任何时候，不管你对自己是满意还是挑剔，你都可以做到一点，那就是成为最好的自己。在这个过程中，你必须付出辛苦和努力，而且一定要坚持。因为你的一切努力都是为了自己，而不为为了别人。

大学毕业后，若男一直想出国留学，继续深造，但是爸爸妈妈却为她寻找了一份好工作，希望她可以有安稳的工作和稳定的收入，过上舒适的生活。在爸爸妈妈的坚持下，若男只好回到家乡工作，但是她每天过着朝九晚五的生活，一点儿都不快乐。她很郁闷，每天都无精打采的，再也不像之前那么乐观开朗、精力充沛。

后来，若男痛下决心辞掉工作，开始考研，同时准备出国的相关事宜。这样一来，若男的生活节奏马上变快，她变得充实而又忙碌，常常要学习到深夜，非常辛苦。但是她很快乐，不管做什么事情都很积极主动，对于人生的设想也越来越明确。曾经有人问若男："如果兜兜转转一大圈，却发现日子再也回不到曾经的安逸舒适，你会后悔吗？"若男说："当然不会。因为我得到了成长，这是最重要的。"

很多人都渴望获得成功，有的人希望能够获得金钱，有的人希望积聚更多的财富，而实际上，如何才能让自己活得更好，让人生变得与众不同，这是需要我们用心思考和坚持努力才能做到的。人生，总不能白白地活过，宝贵的时间很容易悄然流逝，我们一定要抓紧时间做自己想做的事情，这样才能更加理性充实面对一切，也才能有的放矢迎接人生中最伟大的时刻。

记住，我们努力不是为了任何人，因此我们要更加积极主动地努力，为了自己而奋力拼搏。很多人都有拖延症和惰性，这是很糟糕的。当你决定要去奋斗的时候，就要当机立断去奋斗，当你感到茫然无措的时候，就要明确自己的心，充实自己的人生。人生中，没有任何苦难是白白经历的，当你在生命的历程中潜心下来去积累，保持进步，你终有一天会有所收获。

要当一条越过龙门的活鲤鱼

有一句话，叫作生命不息，折腾不止。看到这句话，你的脑海中是否会突然呈现出一个人折腾的模样，就像一个调皮捣蛋的孩子，每时每刻都不愿意停下来，除非是在睡梦之中。的确，孩子的精力是很旺盛的，为何随着不断的成长，我们会越来越安静呢？这是因为成人有太多的顾虑和禁忌，所谓光脚的不怕穿鞋的，大概就是说无忧无虑的孩子与忧心忡忡的成人之间的关系吧！

更多的时候，我们要学会面对人生，也要全力以赴坚持做自己。面对自己的梦想，面对自己的志向，我们必须有笃定的心，也要有爱折腾的精神。纵观人类的历史长河，你会发现那些伟大的人之所以能够推动人类社会向前发展，为人类社会做出巨大的贡献，就是因为他们爱折腾。美国的莱特兄弟最早创造出飞机，是因为他们从小就梦想着有朝一日能够像大鸟一样在天空中展翅翱翔。时至今日，载人航天飞船已经上天，人类已经踏上其他的星球，不得不说，人类进步和发展的速度是非常快的。生活，就是要爱折腾，勇敢创新，善于拼搏，才能全力以赴地前进。记住，那些碌碌无为的人，根本不可能在生命的历程中获得成功，因为他们缺乏热情，也因为他们总是故步自封，不敢敞开自己的心扉去面对人生。

对于折腾，每个人的理解也各不相同。有人觉得折腾是没事找事，也有人觉得折腾是无中生有。实际上，折腾是怀有远大的志向，在前进和成长的过程中坚持前行；折腾是突破墨守成规，在常人走的道路上另辟蹊径；折腾就是不管得到怎样的结果和回报，都能突破禁锢，更多一次尝试。爱折腾的人有着强大的内心，爱折腾的人也有着超强的魅力，爱折腾的人更有着广阔丰富的精神世界。所有的成功者都是爱折腾的人，因为既然成功不可能从天而降，那么爱折腾的人就会主动发掘和创造机会，也能够把握住人生中更多千载难逢的好时机。

在以前的农村，流传着一句话，就是说每个孩子都要好好学习，才能如鲤鱼般跃过龙门。这是因为在信息闭塞的时代里，很多农村都地处偏僻，因此如果孩子不能考上好大学，就只能和父母一样面朝黄土背朝天，在土地里刨食。因此，高考就成了很多孩子的独木桥，他们必须非常努力，才能挤过独木桥，才能让自己进入更加广阔的天地。记住，活鱼折腾越过龙门，咸鱼安静翻不了身，任何时候，我们都要成为活鱼，才有可能越过龙门。

如今，提起潘石屹，无人不知，无人不晓，然而，对于潘石屹而言，他的人生并非一帆风顺。最开始的时候，他辞掉了工作南下打拼，也是非常辛苦的，曾经当过苦力，挑过砖头，抬过预制板，也曾蹲在马路边吃过盒饭，和工友同喝一瓶水。能够取得今日的成就，潘石屹付出了无数的辛苦和努力，也进行了艰苦卓绝的奋斗。

在南下打工的时候，潘石屹有一个工友，叫李勇。他们之间关系非常好，经常一起四处打工，可以说是患难与共的好朋友。然而，如今潘石屹已经成为SOHO中国的董事长，而李勇却还在工地上四处打工，居无定所。为何原本携手并肩的好兄弟，如今却有如此的天壤之别呢？当年，潘石屹和李勇一起在一家公司当业务员，潘石屹因为头脑灵活，销售业绩突出，被提升为业务经理。但是，他不满足，在报纸上看到海南成为经济特区之后，当即决定要去海南发展。李勇被潘石屹的热情打动，和潘石屹一起前往海南。但是，到了海南之后，他们发现机会并非遍地都是，他们很快就花光了盘缠，只好去砖厂里工作，养活自己。后来，潘石屹在砖厂里表现也很好，并且主动提出要帮助砖厂老板经营砖厂。在潘石屹的劝说下，砖厂老板接受了潘石屹的要求，把砖厂承包给了潘石屹。接下来的日子里，潘石屹把砖厂经营得风生水起，很快就获得了很好的发展。后来，潘石屹更是抓住了机会，接收了一个别墅楼盘。正是这个别墅楼盘，让潘石屹赚取了人生中的第一桶金。他带着钱去北京发展，成立公司，成为不折不扣的大亨。直到有一天，李勇来到SOHO的工地上打工，才知道当年的小潘已经变成了潘老板。

曾经在一起成长的难兄难弟，同甘共苦过，如今面对潘石屹的发展，李勇作何感想呢？对于潘石屹的人生，李勇原本以为是偶然，后来他才意识到潘石屹的成功绝非偶然，而是因为潘石屹勇于折腾，敢于折腾，也善于折腾。如果当年潘石屹没有这种敢于折腾的精神，人生也不会取得如此璀璨的成就。

曾经有一个富人说，相比起富人来，穷人最缺少的是野心。这话很有道理。因为如果一个人没有野心，总是安于现状，那么他在成长的过程中就会失去奋斗的动力，也总是安守于现在的人生。这样的人根本没有驱动力去努力和进取，如何获得成功呢？对于人生，最重要的要有野心，才能拼尽全力去努力，创造属于自己的辉煌人生。

第03章

不要因为走得太远而忘记为什么出发

人生之中，我们会遭遇各种各样的事情，任何时候，都不要因为走得太远而忘记了为何出发。有些人为了奔赴美好的生活，如同孙悟空一样使出七十二变的本领，却忘记了自己为何要这么拼搏和努力。不忘初心，方得始终，任何时候，我们都要牢记本心，才能在人生的道路上更加努力地前行，让奋斗事半功倍，马到成功。

信念，是人生的领航灯

信念，是人生的领航灯。很多时候，人生的道路都艰难而又漫长，在此过程中，我们会遭遇各种各样的坎坷和辛苦。有些人面对挫折和磨难，轻易就放弃了，有些人面对挫折和磨难，却能够鼓起信心和勇气，继续努力前行，这就是信念的力量。信念是人生的领航灯，也是人心底里始终在燃烧的光。要想在人生中更好地成长和前行，我们一定要有信念，也要时刻不忘信念。

万丈高楼要想平地而起，就一定要打牢坚实的基础；一棵树苗要想长成参天大树，就一定要把根部牢牢地扎在泥土中。信念也是人生的基石，唯有坚定的信念，才能更加勇敢无畏地前行。如果没有信念作为支撑，我们如何才能到达巅峰，如何才能拥有自己的高楼大厦呢?

在美国的堪萨斯州，有一个男孩。这个男孩所在的地方非常偏僻，因此学校里要靠着燃烧煤炭来取暖。男孩非常热情，几乎每天早晨都早早来到学校，先把锅炉引燃。这样一来，当老师和同学来到学校的时候，就会感到教室里非常温暖。然而，有一天，男孩在燃烧锅炉的时候不小心引起了火灾，当老师和同学来到教室的时候，他已经被火苗吞噬，浑身被烈焰包围。老师和同学一起把他从大火中拯救出来，但是他已经失去了意识。大家把他送到医院，才发现他浑身都被严重烧伤，而且整个人也陷入昏迷的状态，负责救治他的医生当场给他的父母下达了病危通知书，说他几乎不能活，而且就算活下来，也无法站立起来行走，因为他的双腿实在受伤太严重。

正当大家为男孩祈祷的时候，男孩奇迹般地清醒过来，而且非常努力地活了下来。一开始，他的确如医生所说的那样不能站立，只能艰难地在地上爬行，然而，他从不抱怨，更不放弃，而是努力锻炼自己的双腿。从只能勉强站立，到能够一步一步地向前挪动，再到后来他终于能够独立行走。最终，男孩不但能和所有正常的孩子一样快速奔跑，还因为跑得很快而被选入学校的田径队。他不但在体育运动方面表现非常好，后来还成为大名鼎鼎的博士——葛林·康宁翰博士。正是凭着顽强的毅力，葛林·康宁翰博士才拥有了与众不同的人生。

到底是什么支撑着葛林·康宁翰博士在被医生判处“死刑”之后，还能够顽强地活下来呢？是信念。是什么让葛林·康宁翰博士不但活了下来，而且跑得那么快，成长得那么优秀呢？也是信念。信念具有强大的力量，信念来源于人们对于某件事情的信心和坚定不移的胸有成竹。毫无疑问，一个人如果总是怀疑自己，他们是不可能获得成功的。只有那些相信自己的人，才能在遇到困难的时候仍然坚定不移勇往直前。

人在有信念的情况下，奋斗才会更加有动力。心理学上把人的力量分为两种，一种是内部驱动力，另一种是外部驱动力。内部驱动力来自人的内心，给人持久的力量，而外部驱动力来自人的外部，给人的作用力往往是短暂的。要想获得更加长久和源源不断的力量，我们就要拥有更多的内部驱动力，而信念正是内部驱动力的主要来源。正如人们常说的，人生不如意十之八九，每个人在人生之中都必然要经历各种坎坷挫折和磨难，只有在信念的激励下，才能继续努力，渡过更多的难关，最终觅得人生中的柳暗花明。

乐观向上，人生充满力量

面对生活的苦涩，很多人都会在不知不觉中遗忘曾经感受到的甜蜜和激励。实际上，不如意正是生活的本质，苦涩也是生命的底味，我们在面对人生的时候一定要积极乐观，这样的人生才能充满力量，这样的未来也才会璀璨辉煌。当然，很多人都把乐观挂在嘴边，殊不知，乐观说起来很容易，真正想要做到却很难。这是因为人生总是有各种各样的不如意，常常会打击人们敏感脆弱的心灵。面对这些小磨难，我们必须足够坚强，才能微笑面对。

曾经有人说，既然哭着也是一天，笑着也是一天，为何不笑着度过人生中的每一天呢？的确，与其以哭脸面对生活，得到生活的哭脸，不如以笑脸面对生活，这样才能得到生活善意的馈赠。当然，在生活中乐观的心态会渗透到各个方面，在生活的小细节中都能感受到。生活就是由点点滴滴的小细节构成的，如果平日里一个人习惯了悲观和沮丧，那么到了关键时刻，他们就不可能乐观向上。所以，让自己养成乐观向上的好习惯很重要，这样的人生才能充满力量，始终积极向上。

新生命从呱呱坠地开始，到渐渐地成长，直到长大成人之后，总是会面临生活的很多磨难。有人说，人生是一场未知的旅程，不得不说这场未知的旅程中既有美景可以欣赏，有快乐可以感受，也有很多无奈和悲伤，甚至还会遭遇突如其来的打击和沉重的磨难。有些人对于小小的不如意就会表现在脸上，也有些人会把不如意埋藏在心底。殊不知，心理学家经过研究发现，人的情绪会影响行为表现，反过来，行为表现也会影响情绪。从这个角度而言，当感到不如意的时候，不如假装高兴，当你勉强笑出来，你的心情也会随之变得好起来。正如人们常说的，心若改变，世界也随之改变。任何时候，我们都要怀着积极乐观的心态，才能让人生更加斗志昂扬，勇往直前。

塞尔玛结婚没多久，她的丈夫就要去陆军基地工作，而这个陆军基地位于沙漠里。是和丈夫分开，留在城市里生活，还是和丈夫一起去沙漠里，陪伴在丈夫身边呢？塞尔玛思来想去，她最后还是决定陪着丈夫一起去沙漠，因为她不想与丈夫分开，也不想让新婚之后蜜里调油的爱情就这样冷淡和疏远。

到了陆军基地后，塞尔玛的丈夫很快就带着部队去沙漠腹地拉练去了。因此，塞尔玛不得不一个人留在基地。沙漠里昼夜温差特别大，白天热得要命，即使躲在树荫下，温度也特别高，而到了夜晚，她所居住的铁皮房子又特别冷，让她忍不住瑟瑟发抖。塞尔玛此时既思念家人，也思念丈夫，常常委屈地哭泣。漫长的白天尤其难熬，因为不会说当地的语言，塞尔玛没有办法和当地人交流，就像一个聋子和哑巴一样无奈。最终，塞尔玛给父亲写信，告诉父亲自己的艰苦生活，还说自己已经决定要抛弃丈夫，回到城市生活。没想到，她比往常更快地收到了父亲的加急回信。父亲的回信很短，只有一句话："两个人一起坐牢，一个人从窗户看到星空，一个人从窗户看到泥土。"父亲的回信让塞尔玛恍然大悟：原来，你最终看到什么，取决于你朝哪里去看。塞尔玛感到很惭愧，因为在很多人都向往的沙漠中，她没有看到曼妙的风景。她决定找到属于自己的沙漠星空，为此她打消了要离开的想法，而是积极地学习当地的语言，与当地人沟通，也通过各种方式认识沙漠里的各种动植物。后来，她得到了沙漠居民慷慨的馈赠，收到了他们亲手制作的陶器和纺织品。塞尔玛还常常请当地人做向导，去熟悉沙漠，欣赏沙漠。最终，塞尔玛欣赏到沙漠的美妙，对于沙漠越来越流连忘返。后来，丈夫离开沙漠，塞尔玛才恋恋不舍地告别了沙漠。根据对沙漠生活的回忆，她还写了一本书，摇身一变成为畅销书作家。

对于塞尔玛而言，她在得到父亲的启发之后，终于从沙漠中看到了星星。其实，很多时候，我们觉得自己生活在生命的困境中，就是因为我们不曾乐观地去拥抱生活。当我们能够乐观地面对生活，也真正用心地感受生活、接纳生活。我们就会深入生活，也会感受到生活的无穷魅力。

一个人要想得到生命的馈赠，就一定要调整好心态面对生命。成功学大师拿破仑·希尔曾经说过，一个人要想成功，首先要有良好的心态。朋友们，你们想获得成功吗？如果想获得成功，就从现在开始调整好心态，乐观面对一切。当你怀着乐观的心态，你的人生也会变得美好起来！

耐心等待，人生花开

不得不说，在现代社会中，很多人都无形中变得急躁。如果怀着急功近利的心理，想要得到生活的馈赠和丰厚的回报，显然是很难实现的。古人云，有心栽花花不开，无心插柳柳成荫，所以我们对于生活固然要非常努力进取，却也要怀着随遇而安的心态，才能做到拼尽全力去努力，随遇而安去收获。这样，我们才能在人生不如意的时候，有更多的时间去理性等待，无须心急。常言道，心急吃不了热豆腐，栽种过昙花的人都知道，昙花开放的时间非常短暂，唯有耐心地等待，才能在昙花绽放的时候欣赏到美丽的花朵，也才能感受到昙花一现的美丽。任何时候，我们唯有更加努力进取，才能欣赏到美丽的景色。

人生之中，很多时候都需要等待。孩子要等待长大，小树苗要等待长成参天大树，花朵也要等待绽放。尤其是在长大成人之后，步入社会，我们会发现有更多需要等待的时刻，记住，人生需要等待，唯有等待，才能让人生花开，唯有等待，才能让人生绽放。

很多父母会发现，孩子的成长有其自身的规律，有的时候，哪怕父母非常心急，一再催促孩子，但是孩子实际上依然成长得很慢。这不是孩子在拖延，而是因为孩子的成长总需要一个过程。如果你曾经酿酒，你会发现那些最美味的酒一定要经过长时间的发酵，才会更加香醇。记住，要想做好每一件事情，既要心急，也要耐心，只有把急迫与等待完美结合，我们才能得到更多的收获和最好的成长。

很久以前，有一只丑小鸭出生在鸭妈妈的窝棚里。它在没有出生之前是一个很大的蛋，鸭妈妈也不知道这个蛋是不是它生的，在所有小鸭子都已经孵化出来之后，这个很大的蛋却没有动静。因此鸭妈妈很好奇，不知道将会从蛋壳里出来怎样的孩子，所以鸭妈妈一直耐心地孵蛋。后来，一只丑小鸭终于从蛋中破壳而出，这只丑小鸭真的很丑，长得和其他鸭子都不一样，而且还笨笨的。小鸭子们都不喜欢丑小鸭，把它从鸭妈妈的窝棚里赶了出去。后来，丑小鸭四处流浪，它很伤心，不知道自己为什么长得这么丑。

有一天，丑小鸭看到天空中有一群漂亮的白天鹅飞过，它很羡慕这些白天鹅。就这样，过了很长时间，终于等到春暖花开。有一天，丑小鸭去冰雪消融的池塘里游泳，低下头来看的时候，突然发现自己美丽的身影倒映在湖水中，看起来漂亮极了。原来，它已经从丑小鸭变成了美丽的白天鹅。

如果没有等待的时光，丑小鸭永远也不知道自己原来是一只白天鹅。一直以来，丑小鸭的童话故事陪伴很多孩子度过了童年的时光。实际上，丑小鸭的深刻启迪意义，对于成人同样适用。要想做好每一件事情，我们都要耐心等待。诸如广东人爱喝汤，那么就会知道靓汤是煲出来的，而绝不能用猛火大煮的方式。在这个世界上，万事万物都有自己发展的规律，我们一定要尊重事物本身的规律，才能有的放矢把很多事情做好。

有一点是毋庸置疑的，即成功不会一蹴而就，我们必须学会等待，才能在付出努力之后，迎来成功。古人云，冰冻三尺非一日之寒，水滴石穿非一日之功。只有不断地积累，事情才会发生质的改变，否则就会欲速则不达，就会因为急迫反而导致事与愿违。

在南美洲，有一种蟒蛇体型巨大，原本体型大是蛇类的优势，因为巨大的体型会让它们更加有力量。但是对于这种蟒蛇来说，体型巨大就成了它们的缺点，导致它们行动很缓慢，也给猎食带来了更大的难度。因此，这种蟒蛇只能潜伏在某一处，保持不动，等到猎物经过的时候再马上出击。不得不说，这是纯粹的守株待兔，蟒蛇常常好几天都捕捉不到猎物。但是它却不能移动，因为移动到其他的地方，也未必能够抓到猎物果腹，反而会降低等待的效率。蟒蛇一直在安静地等待着，等猎物到来的时候，它就一跃而起，成功地把猎物吞咽到肚子里。

对于蟒蛇而言，这样的一动不动当然是被动的，但是结合蟒蛇的具体情况，这样的一动不动反而又是主动的，因为蟒蛇的体型太大，所以它只能以这样的方式来捕获猎物。等待是要根据每个生命个体的具体情况来决定的，而不要盲目等待，更不要不顾实际情况就选择等待。实际上，蟒蛇看似一动不动，却每时每刻都在保持警觉。它的每一根神经都是绷紧的，正是因为等待不知道何时结束，所以它全神贯注的时间必须更加持久。因此，这种蟒蛇比起其他任何动物更明白等待的重要性。

虽然蟒蛇的等待是守株待兔，但是对于我们而言，等待与守株待兔、无所事事截然不同。人生的等待要在辛苦耕耘之后，才能等待丰硕的果实，人生的等待也必须根据形势随机应变，顺势而为，这样才能保持理性决策。记住，只有有所为，也有所不为，等待才能更加持久和长远，也才能更加努力奋进。学会等待的人生不会因为仓促决定而变得被动，也不会因为盲目而变得悲观。

还有很多朋友抱怨命运不公，从来碰不上好运气，实际上，等待与抓住机会之间也有很密切的关系。这是因为只有善于等待的人，才能时刻保持警醒，也才能始终做好抓住机会的准备。因此，让我们学会等待吧，只有等待，人生才会花开！

掌控欲望，成就自己

记得曾经有位名人说，人，最大的敌人就是自己。为何要这么说呢？这是因为很多人都无法控制自己的欲望，也常常因为无限度的欲望而陷入各种被动的状态之中，因此他们就成了欲望的奴隶，失去了对于人生的主宰权利。当然，欲望对于人生也绝不都是负面作用。适度的欲望可以激励人们不断进取和努力，而过度的欲望则会成为人生的黑洞，使人沉迷其中无法自拔。因此，我们一定要掌控欲望，驾驭欲望，成为欲望的主宰。

欲望，是人的本能之一。人生在世，每个人都有欲望，正是因为在欲望的驱使下，人生才能努力进取，获得更多的房子、车子、金钱、权力等。从这个意义上而言，欲望的意义是积极的。但是，人不同于动物，人是有理性的，是万物的灵长。因此，人一定要控制住欲望，才能避免被欲望奴役。很多时候，如果我们总是任由欲望肆意发展，最终就会陷入欲望的深渊，导致自己在欲望的海洋之中沉沉浮浮，始终靠不了岸。过度的欲望还会导致人们迷失自我，变得爱慕虚荣，喜欢攀比，对于人生的成长和发展，这些负面情绪都是很不利的。

曾经有一个人非常嫉妒他的邻居，每次见到邻居的时候，他都恨得咬牙切齿，他总觉得邻居比自己幸运，因此他最大的心愿就是让邻居倒霉。

有一天，这个人起得很早，去田地里查看情况。也许是因为日日夜夜地祈祷，让上帝保佑他，他居然真的看到了上帝。他赶紧对上帝说："上帝啊，我每天都在供奉你，你能给我一些好运气吗？"上帝说："当然。你想得到什么，告诉我，我一定会满足你的心愿！"正当他感到高兴的时候，上帝又说："不过，我要告诉你的是，不管你有什么心愿，在你满足的同时，你的邻居都会得到双倍满足。"他马上变得愁眉不展，请求上帝能不能收回后一句话，但是上帝很坚定地摇摇头，告诉他不能收回。他思来想去，但是不管他想要得到什么，一旦想到邻居也会得到双倍，他就痛苦得难以忍受。最终，他告诉上帝："我想要瞎掉一只眼睛。"上帝听到他的回答，不由得接连摇头和叹息：嫉妒心多么可怕，面对这个唯一改变命运的机会，他宁愿瞎掉一只眼睛，也要贪婪地胜过邻居。

的确，欲望是很可怕的。很多人所理解的欲望都是狭义的，认为欲望仅仅局限于人们想要得到更多的钱，想要获得更大的权力，想要赚取更多的机会。实际上，从广义的角度而言，爱慕虚荣、爱攀比，都是欲望深重的表现，因为爱攀比的人想要超过他人。做人，一定不要贪婪，更不要被欲望主宰人生。在人生的道路上，每个人都会面临各种各样的欲望诱惑，只有坚定自己的心，才能让自己的心变得更加清澈明朗，才能避免被欲望困扰。

古人云，一念贪私，万劫不复。做人，只有不贪婪，才能道德高尚，品行高尚。人之初，性本善，当人被欲望驱使，就会泯灭心中的善良，甚至利令智昏。所以，我们尽管不是高官，也应该告诫自己不要贪婪，否则人生就会越来越沉重，我们就会负重前行。从生存的角度而言，每个人要想生存，只需要很少的物质和经济作为基础。因此，很多人都应推崇极简生活，简化自己对于生活的欲望，让自己的人生变得轻松。

敢想敢做，度过敢于拼搏的人生

很多成功者之所以能够取得成功，并非因为他们有独特的天赋，也不是因为他们拥有好运气，而是因为他们有信念，也敢于拼搏。在信念的支撑下，有的人有了好的想法之后当机立断付诸实际行动，从而让自己的人生更加勇敢无畏，拼搏进取。也许有些朋友会说，凡事总要三思而行，的确，三思而行是没有错的，但是我们更需要坚持的是，在想好之后马上展开行动。很多人都有拖延的坏习惯，明明有好的想法，却因为拖延而最终变成空想。这样一来，好想法就会变得毫无意义，对于人生也没有切实有效的推动作用。

任何时候，我们都要敢想敢做，敢于拼搏，才能让人生绽放光彩。对于成功的理解，很多人过于狭隘，他们常常觉得人生成功与否，与有多少金钱、当多大的官有关系。其实，这些所谓的身外之物固然可以改善和提高生活质量，但是与人生是否成功并没有必然的联系。真正的成功，无关年龄，无关金钱，而是与一个人是否努力，是否勇于拼搏，有着密切的关联。天上从来不会掉馅饼，人生从来没有免费的午餐，每个人都要靠自己才能努力实现人生的价值和意义。最大的成功，是活成自己想要的样子，活出自己的精彩人生，而不是盲目地模仿别人，或者跟在别人后面做一些平淡无奇的事情。

当然，高收益必然伴随着高风险。很多时候，我们只想获得成功，而不能接受失败，不得不说，是不可能的。古往今来，哪一个成功者不是伴随着血泪和汗水，哪一个人生不是在付出很多之后才能得到些许的回报。不管怎样，最重要的是勇敢，是坚持。

前些年热播的电视剧《亮剑》，其中的李云龙给人留下了深刻的印象，也圈粉无数。实际上，李云龙正如他自己所说的那样是个粗人，他之所以能够具有强大的人格魅力，就是因为他敢于拼搏。当然，我们生活在和平年代，不需要与敌人拼杀，但是现代生活竞争激烈，每个人要想为自己赢得一席之地，就必须非常努力，也要用尽全力去做到最好。

大学毕业后，小夏想去外地工作，还想继续考研。尽管爸爸妈妈都很反对，但是她却坚持自己的想法，去了遥远的大城市，孤身一人打拼。爸爸妈妈总是很牵挂小夏，也常常会打电话劝说小夏回家，但是小夏从来都是拒绝。后来，小夏在大城市有了稳定的工作，也有了自己的小家。有段时间，公司要外派人员出国一年，小夏不假思索地报名参加。

对此，丈夫和爸爸妈妈都持很强烈的反对意见。丈夫觉得自己一个人无法搞定孩子，爸爸妈妈则提醒小夏一年的时间太长，夫妻感情会淡漠，甚至还会影响家庭的安定团结。但是，这个机会千载难逢，小夏如果能去，回来之后就会有很好的发展。因此，小夏坚定不移，做通丈夫的工作后就义无反顾奔向国外。在这一年里，小夏曾经三次回家探亲，每天也通过视频了解丈夫和孩子的情况。一年后回到国内，小夏摇身一变成为大区总监，职位晋升，薪水也得到提升，成为人生赢家。

人生有很多机遇，我们却不一定能抓住，毕竟对人生而言，好机会千载难逢，而且转瞬即逝。如果能够抓住机遇，我们在人生之中就会有突飞猛进的发展，相反，我们在成长过程中就会滞后很多。因此，我们一定要端正心态，坚定不移地对人生出击，这样一来，我们才会在人生之中主动创造和把握更多的机会，也才会全力以赴做好自己该做的事情。

现代社会，很多年轻人都会感到迷惘。他们有梦想，但却总是停滞不前，或者面对自己一个非常好的想法，他们也总是拖延。还有相当一部分年轻人眼高手低，总是想干更少的活儿，收获更多。不得不说，这样的想法禁锢了年轻人的发展，也常常会使年轻人局限在自己的安逸天地中，不愿意走出来。成功，最重要的就是要敢想敢干，因为只有迈出行动的第一步，才是真正开始走向成功。当然，成功的道路很艰难，我们必须更加辛苦和努力，也要在遇到困境的时候非常坚持，才能摆脱人生的困境，觅得人生中的柳暗花明。

记住，地球从来不会按照我们的意志去转动，更多的时候，我们必须勇于拼搏，坚持不懈，才能有收获。即使收获很小，也要成为激励我们的光芒，让我们可以在人生道路上更加执着前行。人生短暂，不要白白让生命的光阴流逝，当你的生命发光，你的未来也会发光发亮。

敢冒险，是一种能力

几乎每个人都想获得成功，这是人趋利避害的本能。但是，成功远远不是古人所说的那样具备天时地利人和的条件就可以获得。更多的时候，要想获得成功，还要敢于冒险，还要努力尝试。众所周知，现代社会中各行各业的竞争非常激烈，作为一个职场人士，要想脱颖而出，是非常困难的，要想在社会中为自己赢得一席之地，更是难上加难。现实生活中，有太多的人习惯墨守成规，他们不知道如何打破限制和禁锢，总是按部就班，因而发展也是很慢的。

人类社会之所以不断地向前发展，就是因为有无数的人敢于冒险，敢于尝试。也许他们在尝试中会经历失败，但是却从中得到了经验和教训，因此他们在努力的道路上就更加前进了一步。这样的失败，比起故步自封、止步不前，是很大的进步。因此，我们要有敢于冒险的精神。很多年轻人说，年轻就是资本，所以他们肆意挥霍青春，不愿意努力进取。的确，年轻是资本，但是年轻却不是浪费生命的资本，而是要努力奋斗和冒险的资本。作为年轻人，更要有冒险的精神，这样才能让人生的道路更为宽阔，让人生的天地更为辽阔。

如果你的青春从未有过冒险的经历，那么当青春的时光悄然流逝的时候，你如何才能无怨无悔地说“我的青春我做主，我的人生无怨无悔”呢？当你把青春都荒废了，你未来一定会有更多的遗憾，也一定会感到很懊悔。为了让人生无怨无悔，为了提高生命的质量，我们一定要积极地面对人生，哪怕承担风险，也要勇敢无畏地向前。当然，不是每一次付出都有回报，也不是每一次冒险都有收获。哥伦布也是几次航行才发现新大陆；玄奘也是历经无数凶险才取得真经。人，怎么可能随随便便就获得成功呢？只有不断地提升和磨炼自己，只有坚持不懈勇往直前，我们才能更加有的放矢地面对自己，提升和完善自己。记住，当你足够优秀，人生必然对你绽放。

作为一个职场菜鸟进入公司没多久，小伟就开始蠢蠢欲动。他始终牢记着那句话：不想当将军的士兵不是好士兵。为此，他一直都想吸引上司的注意，也想为自己争取到更多的机会。在入职半年的时候，小伟终于下定决心给上司写了一封信。在信件里，小伟对上司说：“亲爱的领导，也许您不认识我，但是我却很熟悉您……今天是我入职半年的日子，我很想送自己一份礼物来纪念这个时刻。我想送给自己的礼物，就是得到您的评价。当然，我知道您日理万机，每天都很忙碌，也许根本没有时间来给我写评价，那也没关系，您只要告诉我，根据我这半年来的工作表现，我足以胜任更重要的工作和职务吗？”把信发给上司之后，小伟就一直很忐忑地等待上司的回信。没想到，上司当天下午就给小伟回信了，在信件里，上司对小伟说：“收拾东西，准备去非洲出差！”

平日里，那些老同事都不愿意去非洲出差，因为非洲不但生存环境很恶劣，还面临疾病的困扰。因此，每当上司说需要去非洲出差的时候，他们总是忍不住退缩，找各种理由逃避。小伟在接到信件的那一刻也很惊讶，因为他只是一个刚刚褪去青涩的新人，他倒不是不想去非洲出差，而是担心自己无法完成这么艰巨的任务。但是小伟决定接下这个任务，随着回信而来的，就是需要完成的工作任务。此后，上司从未联系过小伟，小伟就这样一头雾水地开始工作，甚至连坐在隔壁工位的同事都不知道他干吗去了！一周之后，正当大家议论纷纷以为小伟不告而别的时候，小伟从非洲回来，直奔上司的办公室汇报工作。上司站起来向小伟伸出手，说：“你在非洲的工作表现我已经知道了。接下来，就由你担任非洲分公司的负责人。”上司这个任命发出，不但小伟惊呆了，就连同事们也都惊呆了。虽然非洲条件恶劣，不是一个好的出差地，但是也轮不到一个毛头小子当非洲分公司的负责人吧！然而，上司的决议已经做出，小伟成功了。

上司为何会选定小伟去当非洲的负责人呢？就是因为小伟有着敢于冒险的精神。只是因为上司的一封回信，小伟就不再多说其他的话，直接奔赴非洲完成任务，不得不说他是一个非常有胆识的人，也是一个敢于冒险的人。因此，上司才会特别赏识小伟，也才会给小伟升职。

作为年轻人，一定要敢于冒险，也主动去冒险，才能得到更多的机会，也才能真正证明自己的实力。如果有机会摆在面前，你却犹豫不决，内心惶恐，最终只会眼睁睁地看着机会溜走，不得不说，这样的表现只会距离成功越来越远。人生，总是需要勇气的，勇气不但是人生的动力，也是人生的脊梁。每个人都要鼓起勇气，挺直脊梁，才能无所畏惧走好属于自己的人生之路，也才能活出独属于自己的精彩与充实！

第 04 章
你忍受的痛苦，将来都会变成礼物

生命的本质是不停地蜕变，而生命的蜕变却是在各种经历之中进行的。只有持续经历，不断成长，我们才能从曾经的丑小鸭变成白天鹅，才能从曾经的青涩少年变成有翩翩风度的人。总而言之，如果我们被痛苦打倒，就会成为痛苦的俘虏；如果我们能够战胜痛苦，痛苦就会成为我们人生中的礼物。

咽下委屈，成就自己

现实生活中，相信很多人都有过受委屈的经历。所谓委屈，就是不被人理解，不被人尊重，也不被人支持和激励，明明心中很有道理，却不能把那些话都说出去，而是要吞咽到心里。把眼泪流到心里，打落牙齿往肚子里咽，说的就是这个意思。可想而知，在委屈的时候，心里会多么难受。然而，在这个世界上，谁不曾承受委屈呢？受到委屈，咽下委屈，也就成为人生中必然的事情。

说起咽下委屈，一定会有人感到心酸，觉得自己为什么要这么委屈呢？有的时候，委屈的表现为不辩解，有的时候委屈的表现为退后一步。不辩解是为了避免人与人之间的矛盾和纠纷，而退后一步则是为了日后的进步。就像人们常说的，有的时候，舍弃就是得到，我们也要说，退后就是进步。古人云，吃亏是福，我们受点儿委屈又算得了什么呢？可以说，人人都会受委屈，受委屈的原因也各种各样。在需要解释的时候，我们要解释，在不需要解释的时候，沉默就是最好的选择。

在职场上，人们还会遭受很多不公平的对待，这也会使人觉得委屈。实际上，绝对的公平在这个世界上并不存在。因此哪怕受到不公平对待，我们也要端正心态，从而更加积极理性地面对。从某种意义上来说，承受委屈还是一件好事情。古时候，韩信忍受胯下之辱，从一个街头的小混混努力拼搏，最终成为刘邦的左膀右臂，辅佐刘邦打下江山。司马迁遭受宫刑，这样的委屈和屈辱是很多人难以承受的，但是他却能够忍辱负重，继续在监狱里完成《史记》的创作。正是这部作品，被人们称为“史家之绝唱，无韵之离骚”。古往今来，有很多伟大的人物都曾遭受委屈，他们忍辱负重，最后活出自己的精彩人生，成就伟大的事业。

作为一家商场的导购人员，小丽是专门负责销售正装的，也就是男士与女士的西服套装等。有一天，小丽卖出去一套非常高档的西装，正沾沾自喜可以赚到提成呢，但才过去几天的时间，购买者就拎着西服找上门来。小丽一看，那套高档西装已经摇身一变成了类似于破麻袋一样的衣服，因为这件衣服被购买者水洗了。

小丽忍不住脱口而出：“亲，我当时告诉您这件衣服是全毛料的，全毛料的衣服是不能水洗的。”听到小丽的话，客户更加忍不住火气：“你告诉我是全毛料的，但是没有告诉我是不能水洗的。我之前没有穿过全毛料的衣服，你没有尽到告知的义务，这个不能怪我！”客户的一番反驳，让小丽大受委屈，眼泪在眼眶里打转：“亲，您此前没有穿过西装吗？”客户摇摇头。小丽也不知道该怎么办了，只好找来商场经理。在经理的协调下，客户提出：“或者把这件衣服修复给我，退给我一半的钱。或者让小丽出钱再买一件衣服给我，这件衣服就归你们了。”经理把协商的结果告诉小丽，小丽心想要赔偿半个月的工资，不由得感到心疼，但是她也知道自己在工作方面的确有疏忽，没想到买这么贵西装的客户居然不知道毛料不能水洗。最后，小丽接受了第一个方案。此后的日子里，小丽再为客户服务的时候，总是尽量详细周到。渐渐地，小丽成为商场里的五星级导购员，后来还担任商场经理了呢！

人们常说，吃一堑长一智，就是告诉我们在因为疏忽而犯下错误的时候，不要一味地抱怨，而是要更加深刻地反省自己，努力把每一件事情都做到更好。这样一来，才能有的放矢地提升自己，让自己变得更加强大，很多难题自然迎刃而解。

记住，承受委屈没关系，谁的人生中没有委屈呢？当被别人误解或者刁难的时候，就把它们当成是人生的礼物，这样一来就能平静地去面对。人生总会遇到各种坎坷和挫折，与其因为这些磨难而破坏了自己的心情，不如自己咽下委屈，从而更加勇敢无畏地前行。俗话说，宰相肚里能撑船。要想消化委屈，我们就要让自己拥有更加博大的胸怀，这样才能接纳那些不高兴的事情，让自己变得越来越宽容大度，也渐渐地走向成熟。

心开阔了，痛苦就小了

现实生活中，你一定尝过痛苦的滋味，因为痛苦是人生的基础味道，只有在痛苦的基础上，我们才能感受到生活的甜蜜，才能品尝到生活的百般滋味。痛苦，总是与人生同行的，哪怕是小小的胎儿，也会在即将出生的时候，感受到宫缩，被不断挤压。只有在经历痛苦之后，他们才能从母亲黑暗温暖的子宫里来到世界上，但是与此同时他们还会感受到寒冷空气的刺激，因而情不自禁地哭起来。随着不断的成长，小生命渐渐长大，开始蹒跚学步，跌跌撞撞地走路。总是一不小心就会摔倒，疼得龇牙咧嘴。也许有些朋友会说，这些痛苦远远没有快乐多，孩子多么单纯幸福啊！的确，相比起孩子幸福的童年生活，这些痛苦的确不算什么。但是如果以孩子作为主体来看，我们就会发现，孩子其实已经承受了相当的痛苦。

等到长大成人，痛苦难道就变少了吗？当然没有，反而随着时间的流逝，生命不断地向前发展，痛苦越来越多。很多人在成年之后都会感慨：长大了怎么这么倒霉，好想回到小时候啊！的确，长大了就是这么倒霉，但是每个人都要长大，成长的规律是人人都不能抗拒的。对于每个生命而言，都必然要走过各种阶段，才能不断成长，才能走向成熟。而感受和承受痛苦，恰恰是人生必然付出的代价。

正如人们常说的，不经历无以成经验。每当看到那些沧桑的老者淡然的样子，总是忍不住为之动容。然而，老者之所以能够平静地面对生活，不是因为他们生而就很成熟，而是因为他们已经走过了人生中的大多数时候，也已经能够从容地面对人生中的各种境遇。

要想消融痛苦，并没有那么简单容易，但是，我们却可以把痛苦衬托得小一些。举个简单的例子，把一粒芝麻放到一个小碗里，我们很清楚就能看到这粒芝麻；把一粒芝麻放到一个盘子里，我们要认真去看，才能发现芝麻所在；把一粒芝麻放到一个大盆里，那么芝麻就会寻觅不到。这就是背景的力量。为了减轻痛苦对于我们的伤害，我们完全可以扩大人生的背景，让自己的心变得更加开阔，那么那些无关紧要的小事就会变得很小，甚至可以忽略不计。这就是心理学上的反比法则。

举世闻名的演讲家约翰·库斯提是一个重度残疾的人。他常常自称是半个人，因为他实在太小了。他刚出生的时候，毫不夸张地说，只有可乐罐子那么大。他的腿是畸形的，他也没有完善的排泄系统，他看起来那么小，那么孱弱，甚至连呼吸都很困难，医生宣判他只能活到当天晚上。但是，这小小的身躯里蕴含着巨大的能量，晚上，他活着；第二天，他还活着；一个月之后，他还活着；他年复一年地活着，成了伟大的演讲家，激励了无数人。

约翰·库提斯就像是一个小人国里的人，总是被身边其他的人嘲笑和鄙视。因为腿部畸形，他只能依靠双手托着小小的身体四处移动。但是，他很坚强，他和其他孩子一起去学校上学，曾经有一次还被恶作剧的同学扔进垃圾桶。有的同学为了捉弄他，在地上扔钉子，结果钉子扎入他的手中，他的手鲜血淋漓，惨不忍睹。面对这一切屈辱和委屈，他也曾抱怨过命运，甚至产生过轻生的念头。但是每当看到太阳升起，他就对人生再次升腾起希望：不要放弃，不要放弃，不要放弃！正是靠着不断地鼓舞自己，他坚持到初中毕业。初中毕业后，他历经千难万苦，才在一家杂货店找到工作，养活自己。后来，他以优秀的体育表现频繁获奖。这样的人生收获，让自卑胆怯的他鼓起了对人生的信心和勇气，后来他成了一名励志演讲家，用亲身经历激励和鼓舞无数人。

在这个世界上，真正的成功只属于那些心生的人。如果约翰·库提斯当初因为被同学捉弄和嘲笑就选择轻生，那么他就不会拥有如此精彩的人生。实际上，在这个世界上每个人都有自己的优势和长处，也有自己的缺点和不足。有些人身体有重度残疾，只是缺点和不足被放大了而已。在这种情况下，一定要有开阔的心，才能坚持不懈，才能战胜生活中的所有挫折和磨难。

哪怕这个世界充满了不公平，哪怕命运真的在残酷地捉弄你，你也不要哭泣。因为哭泣和抱怨对于改变命运没有任何好处，只有心变得坚强勇敢，我们才能真正强大起来。只要你足够强大，这个世界上就没有过不去的坎儿。只要你足够坚强，所有迈过去的坎儿都会成为你向上的阶梯，托举你的人生！

忍受痛苦，让痛苦成为生命的礼物

人们常说，天无绝人之路。这句话告诉我们，在人生之中，不会有恒久存在的不幸，只要我们非常努力，真正地熬过痛苦，战胜痛苦，痛苦就会成为生命的礼物，给予生命更独特的馈赠。实际上，每个人对于疼痛的承受能力是不同的，科学家把疼痛分为十级，有人能够忍受到六级，有人只能忍受到三级，也有人可以忍受到九级。同样的道理，疼痛是身体上的痛苦，那么对于精神上的痛苦，尽管没有人进行划分，每个人的承受能力和忍耐能力也是不同的。要想战胜痛苦，忍受痛苦，我们就要把痛苦变成生命的礼物，就要在心灵深处激发出可以与痛苦相抗衡的力量。这样一来，我们才能忍受痛苦，也才能在面对痛苦的时候保持冷静和理性。

一个人在生命中承受的痛苦越多，他对于痛苦的承受能力越强，他对于人生的理解也就越深刻。当一个人在生活中始终顺遂如意的时候，显而易见，他根本不可能获得更好的成长，心也会因为一帆风顺而变得浮躁。所以唯有超越痛苦，消化痛苦，我们才能在人生中有更好的成长和进步。

有人说，天底下就没有人吃不了的苦，也没有人享不了的福。由此可见，人的弹性是很大的，人生其实可以接受和包容很多，也可以承受和消化很多。要想让人生变得更加沉淀和充实，就让我们坦然接受痛苦的磨砺吧，最终它们会成为我们生命历程中熠熠闪光的钻石！

他的命运非常坎坷，很小的时候就失去了妈妈。后来，爸爸与一个离异的女人在一起，这个女人很善良，对他也很好。就在爸爸准备和后妈结婚的时候，爸爸外出打工挣钱，却发生了事故，导致瘫痪。后妈还没有和爸爸结婚呢，看到家里的情况，不由得退却了，最终选择离开他们。

他才8岁，就要照顾爸爸，而且因为家里没有经济来源，他每天在给爸爸做好饭菜之后，就赶紧飞奔学校上课，又要在放学之后，一路上翻垃圾桶，捡破烂，才能卖几块钱，供给自己和爸爸的生活所需。即便如此，面对想要自杀的爸爸，他也拼尽全力去救，并且苦苦哀求爸爸不要丢下他。看着年幼的儿子如此悲伤，爸爸也心如刀绞。他更加努力，想让爸爸生活得好一些，想打消爸爸自杀的念头。最终，他的事情被学校的老师和同学发现，大家都很感动，也都愿意帮助坚强的他。这样，他才得到社会的广泛关注，也获得了社会各界人士的帮助。后来，他努力学习，带着爸爸去上学，最终走出了属于自己的人生之路。

案例中的孩子当然很苦，当其他孩子都在父母身边撒娇的时候，他却要承担起生活的重担，感受到无尽的痛苦。然而，他没有屈服，以稚嫩的肩膀扛起了人生的重担，承担起照顾爸爸的责任，从来没有过任何抱怨。正是这种坚强乐观的精神，让他成为人生的强者，让他在小小年纪就饱尝人生的痛苦之后，收获了更快的成长。

人生没有绝境，只要你的心中始终充满希望，只要你的内心永远闪耀着光芒，哪怕你身处绝境，也可以激发自身的力量和潜能，从而以更加强大的姿态面对人生。记住，当你今天努力熬过人生中的一切艰难时刻，熬过痛苦与折磨，未来这一切都会成为你人生的资本，也会让你的人生璀璨非凡。

超越自我，才能成就自我

曾经有位名人说，人最大的敌人就是自己。这句话很有道理。古人云，不识庐山真面目，只缘身在此山中，这是因为当我们置身于美丽的景色之中时，就无法全方位地欣赏景色。人，对于自己也是如此。每个人最熟悉的人是自己，最陌生的人也是自己，尤其是在面对自己的很多缺点和不足时，因为没有客观的态度，所以往往无知无觉。在这种情况下，必须从自我的约束和禁锢中跳脱出来，我们才能更好地面对人生，也才能客观公允地评价自己，从而让自己审时度势去发展和成长，也帮助自己赢得更加美好的未来。

一个人即使力气再大，也无法把自己举起来。一个人，即使能力再强，想要超越自己还是要付出很多辛苦和努力。现代社会竞争非常激烈，几乎每个人都在与形形色色的人竞争，都在拼尽全力去呈现自己。然而，战胜竞争者容易，要想战胜自己，则很难。尤其是每个人都有缺点，也有弱点，因此常常无法更加理性地管理自己、约束自己，也就会情不自禁被自己困顿住。

要想战胜自己，获得成长，我们就要努力战胜自身的恶习。当然，与自己的战争是最难取胜的，很多时候，我们虽然能够战胜竞争对手，最后却可能败在自己的手里。由此可见，战胜自己很重要。人有很多的劣根性，例如趋利避害、好逸恶劳，这些劣根性都会让我们败给自己。在这种情况下，我们要尽量从主观跳脱出来，客观认知和评价自己，才能有的放矢提升和完善自己，从而让自己在各个方面的表现更加突出。

作为一名新入行的销售员，丁伟每天就像打了鸡血一样精神抖擞，意气风发，但是，这么坚持了一段时间之后，丁伟发现自己并没有太大的收获，甚至连一个小小的订单都没有拿下。这可怎么办呢？丁伟想想自己的理想很丰满，再想想工作的收获几乎没有，决定要从认识自己开始做起。

从此之后的大多数日子里，只要时机合适，丁伟就会邀请自己身边的人共进午餐，由他请客。但是想吃免费午餐的人，必须给丁伟提出十条评价。一开始，身边的人都说丁伟傻，还有花钱请吃饭买批评的吗？但是丁伟对于大家的议论不以为然，而是继续坚持这么做。为了获取更全面的信息，丁伟在请大多数同事吃饭之后，也开始请客户吃饭。每天中午，到了饭点就是丁伟最忙碌的时候，他一边吃饭，一边和客户谈生意，当然他也没有忘记让客户为自己提出意见。渐渐地，丁伟从不同的人那里听到不同的评价，他可以有则改之，无则加勉，也因为和客户利用吃饭的机会沟通，他们之间的关系变得和谐融洽，合作也渐渐达成了。不得不说，丁伟真是一举两得，是非常聪明和睿智的。

一个人要想全方位了解自己，就要从更多的人口中听他人对于自己的评价，从而在与人相处的过程中不断地改进自己，提升自己。一个人要想战胜自己，就要了解自己，还要承受来自外界的各种压力，这样才能让自己变得更加强大。

当然，有些人对于自己怀着排斥和抗拒的态度，要么自卑，要么自傲，在这种情况下，是无法战胜自己的。实际上，战胜自己的前提是接纳自己、悦纳自己，这样才能成就最好的自己。此外，超越自己，成就自己，还需要目标的指引。很多人在人生之中漫无目的，努力也就没有方向。那么，为人生设立一个大的目标，接下来再把大目标分解为中期目标和短期目标，还要制订计划。这样一来，自然就可以按部就班去努力，人生也会变得更加秩序井然，效率倍增。作为印度前总理，尼赫鲁曾经说过，一个人哪怕在战场上骁勇善战，打败了无数敌人，也不是真正的强者，而只有战胜自己的人，才能获取最终的胜利。从这句话中，我们不难看出战胜自己的重要性。每个人所看到和感知到的世界，实际上就是世界投射在他心中的样子，因此，唯有战胜自己，始终积极乐观的人，才能感受到生命的魅力，活出更精彩的人生！

在苦难的考验中通关

自古以来，有很多话被用来形容夫妻关系，例如“患难与共”“同甘共苦”，也有“夫妻好比同林鸟，大难来临各自飞”。实际上，不管是正面的评价还是负面的评价，总有一个原则是不变的，那就是路遥知马力，日久见人心，尤其是对于夫妻关系而言，更是患难见真情。为何人们这么喜欢用苦难来考验人性呢？这是因为在风光的日子里，人们很容易会因为有福要同享而聚集在一起，而在艰难的日子里，人们却往往为了逃避责任而选择退缩。因此，即使是亲密无间的夫妻，也是需要通过苦难的考验才能过关的。

连夫妻关系都是如此，其他关系呢？例如我们与他人之间的关系，我们与自己的关系等，都要经历很多苦难和磨难，才能真正通关。大多数人在面对困难的时候，总是情不自禁地抱怨，那么就要端正心态：抱怨非但于事无补，反而还会导致事情更加糟糕，事与愿违，既然如此，我们为何还要抱怨呢？既然哭着也是一天，笑着也是一天，我们当然要笑着度过生命中的每一天；既然抱怨也是一天，感恩也是一天，我们当然要感恩生命中的每一天。每个人都应该从容面对人生中的各种挫折和打击，才能有的放矢实现人生的理想和梦想，也才能够在与命运博弈的过程中积累人生的点滴经验，让人生不断地成长和强大。

刘晓庆是一个非常坚强的人，她因为偷税而坐牢，没有怨言，因为她意识到了自己的错误。但是，从风光无限的一线女星，到一个监狱里的犯人，这期间的落差之大可想而知，她几乎一夜之间就白了头发。但是事情既然已经发生，错误既然已经犯下，再想去挽回，或者消除所有的后果，显然是不可能的。因此，刘晓庆进入监狱之后迅速调整好自己的心态，决定要充实地度过狱中生活。她在监狱里始终坚持锻炼，每天在狭窄的牢房里做瑜伽，原地跑步，锻炼身体。后来，她还委托律师为她购买一些书籍，这样一来就可以通过阅读与外界保持信息交流，也能够充实和沉淀自己。四百多天之后，刘晓庆终于重获新生，她在离开监狱的第一时间就去医院检查身体，结果发现自己的身体非常健康，各项指标都特别好。后来，刘晓庆在接受采访的时候说，她原本对于偷税的认识很深刻，觉得自己至少要在监狱里度过十几年的时间。刘晓庆能够认识到错误并接受法律的制裁，这样的勇气很可嘉，也让刘晓庆在今日依然能获得很多粉丝的支持和热爱。

刘晓庆出狱之后，日子过得很艰难，债台高筑，连维持基本的生活都很困难。当朋友们提出要帮她还债的时候，她却拒绝了，而是坚持靠自己的努力辛苦拍戏，去赚钱还债。作为曾经的大咖级别演员，刘晓庆亲自打电话给导演，表示愿意接各种角色。正是凭着这种坚韧不拔的精神，刘晓庆才能够做到从哪里跌倒，就从哪里站起来。

人生的苦难会以各种各样的形式表现出来，很多时候，我们战胜苦难和挫折，是需要勇气的，也需要吃苦的精神和毅力。苦难是人生中最残酷的学校，也是人心的试金石。一个人只有真正地战胜苦难，在苦难的挑战中成就自己，才能够变得更加强大，勇敢无畏。

面对艰难坎坷、不尽如人意的人生，我们只有更加坚定地忍耐，才能守得云开见月明。如果吃了小小的苦头就马上止步不前，人生就会退步。也许你觉得自己现在的日子很苦，却不知道未来还会有更苦的事情等着你。也许你觉得自己现在的日子很苦，却不知道也许再坚持一下，就能迎来人生的柳暗花明。没有人知道将来会面对什么，会发生什么，只有怀着一颗笃定的心，始终坚定不移面对人生，我们才能从苦难中站起来，昂首挺胸。

感谢那些曾经伤害过你的人

人生之中不但会有各种不如意，也会面临各种挫折和磨难，还会遭遇形形色色的伤害。无论如何，都不要逃避，因为逃避只会让我们的内心深处饱尝更多的痛苦，而不利于问题的解决。尤其是那些伤害过我们的人，如果我们始终对他们心怀恨意，实际上就是在用他们的错误惩罚自己。做人，总是要往前走，向前看，才能遗忘那些不愉快的经历。爱的反面不是恨，因为恨有的时候恰恰代表着耿耿于怀，甚至代表着爱。所以，对于那些曾经无情无义伤害过我们的人，我们要学会遗忘。只有遗忘，才能证明我们真的已经从他们带来的阴影中走出来，也只有遗忘，才能证明我们已经完全愈合。

其实，还有一个层次比遗忘更高一个级别，那就是感谢。常言道，不经历无以成经验，实际上在人生的旅途中，我们总要更多地经历，才能让人生有更多的成长空间，也才能让一切都更加理性和从容。而对于那些伤害过我们的人，当我们走到今日的巅峰，对于此时此刻的人生非常满意，那么渐渐地，我们就会感谢那些出现在生命中的人和事，因为正是他们的存在，我们才能成就今天的自己。从这个意义上而言，我们要更加感谢那些伤害过我们的人，给我们带来痛苦的人。如果今天的你是聪明睿智的，一定离不开他们当日的狠心伤害。

有一次，闺密刘静和乔安聊天。说起曾经的初恋，从小一起长大，也一起上大学的她们，对于彼此自然最有发言权，因为她们都参与和见证了对方的成长。

乔安问刘静："刘静，你恨当初伤害你的人吗？那个他。"刘静摇摇头："不恨。以前会恨，但是现在不恨，当初对他恨得咬牙切齿的我的父母，也都和我一样感谢他。""感谢他？"乔安忍不住惊呼起来，因为乔安很清楚，当初刘静为了一段爱情而辞掉工作，跟着对方去了外地，对方却在刘静怀孕的时候劈腿，导致刘静不得不流产，离婚，身心俱疲。刘静毫不迟疑地点点头："是的，感谢。"乔安说："你们太宽容了。"刘静说："不是我们宽容，是因为我们都对我们现在的人生很满意。我有爱我的丈夫，有很好的工作，我把父母也接到身边，让他们享受大城市的各种优质资源。他们说，没有那个狠心的人，就没有我们全家人的今天。"乔安恍然大悟。然而，当刘静问起乔安对于初恋的感觉时，乔安却马上红了眼眶，对于对方不但没有恨，反而还有得不到的遗憾。刘静劝说乔安："你现在已经是有家的人，你老公对你也很好，孩子也可爱，不要再有遗憾。"但是，乔安说："得不到的总归是好的。听说他现在和你在一个城市，如果当初我们在一起，我现在也和你在一个城市，就不用总是视频，而可以常常见面，多好！"刘静斩钉截铁地对乔安说："你这么想，就是对自己的伤害！"

在这个案例中，刘静之所以感谢曾经带给她身心巨大伤害的人，是因为她真的从苦难与伤害之中走了出来，也拥有了让自己和父母都非常满意的现状。如果当初她没有因为那个人而辞职，没有和那个人一起来到大城市打拼，那么今日的刘静也许还在老家过着清淡如水的生活，更不可能把父母接到大城市来一起生活。从刘静的经历中我们可以看出，一个人要想感谢伤害自己的人，就要从过往的伤害和阴影中摆脱出来，这样才能让自己真正敞开心扉去接纳一切，也可以从容地过好属于自己的人生。

从远古时代开始，人们就与大自然抗争，也会想方设法战胜生命中出现的各种困难。实际上，在与大自然的角逐中，人类从来不是胜利者，反而常常有可能因为失败而被自然伤害。但是，人类是绝不屈服的，总是吃一堑长一智，因此在与自然不断的较量中成长起来，让自己变得更加强大。既然人类能做到这样不放弃地与自然抗争，也就要做到这样坚韧不拔地与命运抗争，与身边伤害自己的人抗争。当然，面对不同的对象，我们抗争的方式也应该是不同的。只有不断地了解自己，了解抗争的对象，我们才能做到知己知彼，百战不殆。

别担心，苦难会比你更快地缴械投降

在与苦难做斗争的过程中，我们常常会感到身心俱疲，似乎已经用尽了全身的力气，哪怕再多坚持一会儿，也会因为支撑不住而倒下。因此，你一边苦苦支撑着，一边问自己：我还能坚持多久，我还应该坚持多久？在这个紧要关头，只要心中稍有懈怠，你就很容易失去信心，放弃努力，向苦难缴械投降。这样的念头最好一丝也不要有。每当想要动摇的时候，你要坚定不移地告诉自己：苦难一定会比我先投降！这样想来，你就知道自己是最终的胜利者，也会有更多的信心、勇气与毅力，去战胜苦难，超越困难。

没有谁的人生是容易的。一年有四季的轮回，春种夏耘秋收冬藏，每一个季节都有每一个季节的任务，在春天播种之后，我们必须等到秋天才能收获。人生也是如此，没有不曾经历过艰难的跋涉，如果没有用心地经营生活，我们就不可能在生活中成长，更不可能成为人生的强者。

不可否认，一次又一次的失败，的确会让人抓狂。因为很多时候，失败不但打击我们的信心，也会消磨我们的斗志。因此，为了更好地面对未来，为了全力以赴经营好人生，我们必须把失败踩在脚下，我们必须把失败作为阶梯，踩着失败不断地向上攀登。发明大王爱迪生为了发明电灯，尝试了一千多种材料作为灯丝使用，进行了七千多次实验。正是在这个过程中一直坚持，他才能够在每次失败之后都继续尝试，也才能够在最后一次失败之后获得成功。记住，没有人会一蹴而就获得成功，有些人的成功看似很容易就获得，实际上别人的成功都是在经历努力和煎熬之后才获得的。成功的道路总是很难走，但是越是难走的道路，越说明我们都在走上坡路。越是艰难的时刻，越说明我们要坚持，唯有如此，我们才能熬过坎坷，熬过困境，让自己获得更大的进步和成长，让自己被自己感动。

正如人们常说的，成功就是比失败再多尝试一次。没有人知道成功将会在何时到来，既然如此，就不要放弃，而是要一往无前努力进取。只有熬过无边的黑暗，我们才能迎来黎明；只有熬过漫长的寒冬，我们才能迎来春暖花开。

很多人都喜欢看毕淑敏的小说，却很少有人知道毕淑敏本是一名军人。1969年，毕淑敏17岁时，就响应国家的号召，和其他战友一起奔赴新疆，去建设边疆。当时的交通条件远不如现在这么便利，他们经历了6天的长途奔波，才到达新疆喀什。有一部分战友留在了喀什，而毕淑敏和其他5个女兵，却要继续朝藏北前进。喀什的海拔是3000米，她们要去的地方海拔是6000米的阿里。初到阿里，毕淑敏觉得很难受，但是她没有后悔过，很快就努力适应了当地的环境。

时间转眼过去两年，在1971年，毕淑敏和战友们进行野外拉练。她们每个人都背负着30千克的户外装备，在零下40摄氏度的天气里，穿越无人区。无人区有120里，而且全境没有水源可以饮用。从凌晨3点钟出发，到下午3点钟的时候，毕淑敏到达了身体的极限，她的嗓子干得似乎要冒烟，浑身的骨头好像要散架了。此时，她想到了死。可想而知，毕淑敏当时承受的痛苦有多么大，在没有敌人威胁的情况下，她居然想到了要以死作为解脱。但是，为了安全起见，战友们之间有绳索相连，当她想要跳下悬崖的时候，才意识到一定会牵连和她捆绑在一起的战友。就这样的一转念，毕淑敏错过了最适合自杀的悬崖，此后，她再也没有找到合适的自杀地点，并且在麻木的坚持中于天黑的时候到达了目的地。毕淑敏如释重负，经过充分的休息，发现自己好着呢，没有受到任何伤害。从此之后，她就深深地明白了一个道理："只要精神不崩溃，就没有什么困境是我们不能坚持下来的。"军旅生涯让毕淑敏有了深刻的人生体验，从部队退伍之后，她成了一名作家，笔耕不辍，用文字给人们的心灵疗伤。

没有谁的人生始终都是蜜里调油，也没有谁的人生始终都陷入在绝境之中无法摆脱。对于大多数人而言，人生之中遭遇苦难是常态，只要心底有希望，对于人生也有信心，我们就能战胜苦难。

也有人说，人生就像是打牌，谁也不知道自己抓在手里的是好牌，还是坏牌。但是，一旦这张牌抓在了手里，我们就无法再去改变，而唯一能做的就是把牌打好。在追逐梦想的道路上，在与命运抗争的过程中，我们常常会感到艰难，不要放弃，不要怀疑自己，而是要勇敢前行，这样我们才会在饱经磨难后，绽放精彩人生！

第 05 章

当没有退路时，往哪儿走都是前进的方向

在生命的历程中，常常有人不知道应该往哪里走，这或者是因为的确前方没有路，也或者是因为有太多道路可以选择。对于选择恐惧症者而言，有千万条道路可以选的确是让人很头疼的事情，而只有在身处绝境没有退路的时候，才可以选择任意方向前进，只要离开原地，就是进步。正因为如此，人们才说光脚的不怕穿鞋的，也是这个道理。所以有的时候不妨把自己逼上悬崖，人生也许会有新的契机出现。

一无所有才能破釜沉舟

每个人在最初降临人世的时候，都是一张白纸，没有任何经历。随着不断的成长，这张白纸不停地被着色，也被描摹勾勒，渐渐地有了内容，也变得复杂。实际上，尽管每个人都说人生而平等，然而在这个世界上，并不存在真正的平等。有的人一出生就含着金汤匙，有的人出生在贫苦的人家，根本没有任何基础和背景。和那些有钱人家的孩子相比，穷苦人家的孩子似乎一出生就输了，哪怕努力奋斗也无法达到幸运孩子一出生就拥有的高度。即便如此，我们依然要非常努力，绝不轻言放弃，更不要放弃进取，否则人生就会一蹶不振。

常言道，光脚的不怕穿鞋的，从这个意义上而言，一无所有也是一种财富。那些拥有太多的人，在决定要做一件事情的时候，总是会陷入各种犹豫和纠结之中，不能全力以赴去做自己想做的事情；而那些一无所有的人，反正一无所有，所以在人生中拼搏的时候绝不手下留情，而是拼尽全力，不到最后一刻绝不放弃。因此，作为一无所有的年轻人，我们要珍惜命运的恩赐，要把一无所有的决绝和勇气，当成命运的一种偏爱与青睐。现实生活中，总有些人不管做什么事情都狠不下心来，这种情况下不如把自己逼入危险的悬崖，反而会有更好的表现。

很久以前，有一个大师带着三个小徒弟住在山中的寺庙里。有一天，寺庙里的柴火用光了，大师就让三个小徒弟去砍柴。大师给了大徒弟一把伞，说万一下山的时候遇到大雨，就可以用伞；大师给了二徒弟一根拐杖，方便他在泥泞的路上行走；大师没有给三徒弟任何东西，就让三徒弟出发了。

三个徒弟分别去了不同的方向，他们都很卖力地砍柴。然而，在回家的时候，天空的确下起大雨，于是，大师站在寺庙门口的地方避雨，张望着徒弟们是否已经归来。很快，大徒弟回来了。他明明拿着伞，浑身却被淋得湿漉漉的。大师奇怪地问："你有伞，怎么还湿透了？"大徒弟说："就因为有伞，我想着可以一边打伞一边往山下赶路，就没有避雨。没想到走着走着，雨突然变大了，我就被淋得和落汤鸡一样。"很快，二徒弟也回来了。二徒弟拿着拐杖，却摔得鼻青脸肿，看起来狼狈不堪。大师疑惑地看着二徒弟，二徒弟说："我仗着有拐杖，就没有特意找平坦的路走。结果，路上那么湿滑，我接连摔了好几跤。"大师无奈地摇摇头，继续等着三徒弟回来。

才一会儿，三徒弟也回来了。出乎大师的预料，三徒弟没有伞也没有拐杖，但是他既没有被雨水淋湿，也没有摔倒，身上干干净净的，扛着一捆捆干柴回来了。大师问三徒弟："你怎么这么消停，难道你走的路没有下雨吗？"三徒弟笑起来，说："我没有伞，所以下雨的时候就避雨；我没有拐杖，所以我只能找平坦的地方走，不敢走那些太过湿滑、崎岖不平的地方。所以，我既没有淋雨，也没有摔跤。”

三个徒弟，有家伙的反而都遇到了尴尬，而没有家伙的三徒弟，正因为一无所有，所以更加小心，反而让自己没有淋雨，也没有摔倒。有的时候，人会因为有某些方面的优势，就扬扬得意、沾沾自喜，因此难免会陷入各种困境中。有的时候，人也会因为在某些方面处于劣势，所以更加小心谨慎，反而做得更好。由此可见，很多时候我们并非因为弱势而失败，而有可能因为长处而失败。尤其是在困境之中，人们因为趋利避害的本能，更是在潜意识的驱使下寻找保护，但却不知道越是有所依靠，越会导致失败。不如只依靠自己，不奢求得到任何人的帮助，把事情做到更好，反而能够获得成长。

现实生活中，还有的人会依赖经验解决问题。殊不知，经验主义害死人，在一些特殊的情况下，我们需要打破经验，才能挣脱思想的束缚，也才能在生活和工作中有更好的表现。因此，年轻的朋友，不要再抱怨自己一无所有。正因为一无所有，你才能放开手脚去拼搏，正因为一无所有，你的人生才少了条条框框的约束，拥有更多的可能性，也拥有更大的成长和发展空间。这正是你的优势所在啊！

在梦想的支撑下努力前行

现实生活中，总有很多人在有了绝妙的想法之后，就会因为忧虑太重，而导致做事情的时候放不开手脚，甚至因为思虑太多，而最终放弃努力。殊不知，也许放弃暂时可以帮助你避开困难，也避免失败，但是从长远角度来看，放弃只会让你变得更加失败，甚至彻底失去成功的机会。这是因为与失败相比，最糟糕的是止步不前。当一个人始终停留在原地，他的生活就会没有进步，也会在人生的逆流中不断地倒退。这当然是非常可怕的。只有让自己动起来，才能切实迈出通往梦想的那一步，才能让人生有更加积极的状态。记住，失败不可怕，可怕的是连失败的机会也没有。

前文说过，对于人生而言，梦想是一种力量，也是至关重要的人生影响因素。人为何会有梦想呢？实际上，这是人的本能和天性。每个人从呱呱坠地开始，起初依赖父母的照顾生存，后来不断地成长，对于人生的欲望越来越多，各种各样的梦想由此衍生出来。在现实生活中，有人渴望着赚取更多的金钱，有人渴望获得更高的官职和更大的权力，也有人对于生活没有那么多的奢求，只希望现世安稳，岁月静好。但是，陶渊明的“采菊东篱下，悠然见南山”的世外桃源生活，还适合现代社会的发展和需要吗？当然不适合。现代社会，只靠自给自足根本不可能生存，因为在高度工业化的今天，社会生活的方式已经不同，我们也要与时俱进，学会与人分工和合作，学会不断积极进取，才能在现代社会中为自己赢得一席之地，也才能让自己真正站稳脚跟，获得良好的成长和发展。

有些人的梦想是特别脚踏实地的，也有些人的梦想是好高骛远的，还有些人因为自卑而妄自菲薄，就连梦想都带着怯怯的意味。当然，我们并没有权利对别人的梦想指手画脚，马云曾说过，只有被嘲笑的梦想才是真的梦想，那么我们就要尊重那些拥有远大梦想的人，也要给予他们更多的支持和帮助。不得不说，梦想就像一只非常漂亮的热气球，高高地飞翔在我们的天空中，为此也有很多朋友觉得自己的生活距离梦想很远，这样的理解是错误的。梦想虽然遥远，只要我们努力去实现梦想，不遗余力地追逐梦想，就会更加接近梦想，也可以让梦想更加远大。最重要的在于，在有了梦想之后一定要脚踏实地实现。

作为年轻人，我们可以一无所有，但是一定要有梦想；我们可以一贫如洗，但是一定要有勇气。只有把梦想和行动的勇气结合起来，我们才能当机立断展开行动，也才能在有朝一日把梦想变成现实。梦想也像是人生中的一粒种子，只有将其埋入泥土里，它才能开花结果。如果总是把梦想置之不顾，也不愿意为梦想栽种和培养，那么梦想就会变成空想，再无实现的可能。

当你有梦想，就不要害怕被别人嘲笑。即使你在实现梦想的过程中遭遇了失败，你也可以收获经验，获得成功。所以，我们一定要坚持自己的梦想，也要不遗余力地为了梦想而努力尝试，这才是最重要的，也是通往成功至关重要的道路。

种下一份梦想，人生就有了希望。当我们在梦想的指引下不断地前行，坚持去尝试，当我们满怀激情和热情，在人生的道路上努力进取，我们的希望也会越来越大。没有梦想的人对于生命总是懵懂的，没有梦想的生命也是空洞乏味的。我们只有在梦想的激励下，才有足够的内驱力在人生道路上前进，也只有在梦想的支撑下，才能在遭遇人生困厄的时候，始终振奋精神，勇敢无畏地战胜困难和勇气。记住，人一无所有并不可怕，尤其是对于年轻人而言正处于人生积累的阶段，一无所有的状态很正常。但是，我们必须有梦想，也必须在梦想的指引下坚定不移地走向成功。

思想有多远，人生就能走多远

心理学家曾经专门针对人的先天条件进行调查，发现大多数人的先天条件相差无几，除了少数有独特天赋的人和少数天赋特别不足的人之外，大多数人的天赋都差不多。既然如此，为何有的人总能获得成功，而有的人总是与失败结缘呢？这是因为他们对待人生的态度不同。

有的人面对人生，前怕狼，后怕虎，总是担心自己一不小心就会失败。难道你没有听说过失败是成功之母？如果没有失败，哪里来的成功呢？为此，千万不要惧怕失败。说起来肯定有朋友不信，因为有的人不但害怕失败，也害怕成功，他们甚至想都不敢想成功。为此，他们就陷入成功不敢想、失败不去想的糟糕状态，导致人生始终处于止步不前的状态，却不知不觉间因为逆水行舟而后退了。其实，对于如今的时代而言，万事万物都处于瞬息万变的发展状态之中，如果不保持进步的姿态，就不能与时俱进，而是会陷入退步之中。因此，要想在人生中成长，要想成为人生的主宰，我们就要有压力，有动力，更要有欲望。

也许有些朋友会说，欲望不是不好吗？怎么又要有欲望了呢？的确，过度的欲望是人生的黑洞，但是适度的欲望却会让人生不断努力向前，也会让人生有更好的成长和表现。如果一个人对于人生无欲无求，还怎么有动力在人生之中不断努力向前呢？对于成功，表现出过度的自信也是无可指责的。因为如果一个人自己都不相信自己能成功，他一定不会成功。反之，一个人只有相信自己一定会成功，才能更加努力前行，真正地获得成功。相信自己是一种力量，相信相信的力量，人生才能不断走向成功。

在人生拼搏的道路上，没有人是天生的成功者，更没有人是永远的成功者。要想在人生中逆流而上，我们只做到与时俱进是远远不够的，还要依靠勤奋和努力，远远地超越时代发展的速度，这样才能领先时代的潮流，也才能成为人生的领航者。

自古以来，无数成功人士的亲身经历告诉我们，思想有多远，人生就能走多远。如果一个人总是自我禁锢，不能真正做到努力向前，那么他就会被局限自己的小圈子里，根本不可能有机会领跑人生。很多人误以为人生的成就与天赋、机遇、运气等因素挂钩，也有一些人认为与人脉关系密切相关。实际上，天赋与很多事情都没有那么紧密的联系，而唯独与一个人是否想要成功、有多么迫切想要成功有密切的关系。

现实生活中，那些没有梦想的人总是不停地哀叹，抱怨命运不济。实际上，命运从来都把握在我们自己手中，与其抱怨命运，还不如更加深刻地反省自身。只有找到自己做得不足的地方，我们才能更加有的放矢地弥补和提升自己，也才能全力以赴经营好属于自己的成功人生。当你怀疑自己的时候，当你觉得有些事情根本不可能实现的时候，不如扪心自问：若干年前，人们知道飞机能上天，还知道宇宙飞船能进入宇宙吗？若干年前，很多人甚至不敢吃大闸蟹，也不敢吃西红柿；若干年前，科学家们认为原子绝对不可分裂，但是如今原子弹都在各个隐秘的地方待命，保卫国家和人民的安全……多少年前，有无数个不可能都已经变成了可能，都已经成为不容争辩的现实。所以，我们梦想的步子不妨迈得大一些，也不妨更加努力争取一些，这样的人生，才是精彩绝伦的，也才会充满无限的希望！

有信念就能找到人生的位置

前文，我们就曾说过信念的重要作用，在这里，我们来探讨一下信念是如何为人生开路的。很多时候，我们对于人生的态度都未免有些消极，觉得有很多事情都不可能实现，结果就在我们产生质疑且始终犹豫不决的时候，有的人做了，而且成功了，因此我们感到紧张不安，也很懊丧：为何我当初就没有去做呢？为何我就不能和别人一样坚持做下去呢？的确，你为什么不能和别人一样呢？你甚至比别人更优秀，那么对于别人能够做成的事情，你为何就不能做成呢？这是因为你比别人缺少了信念。

信念具有强大的力量，信念可以创造奇迹。对于人生而言，信念是基石，也是稳当当的泰山。如果没有信念在人生中坐镇，很多事情我们都会轻易放弃。正是因为有了信念的支撑，我们的人生才会傲然屹立，我们的生命才能创造奇迹。因此，不管是面对生活，还是面对工作，我们都要有信念，才能让自己更好地面对人生，也才能更加从容地面对未来。记住，人生没有回头路可走，也没有彩排的机会，在人生的旅程中，我们只能坚持一条路走下去，而不要想着半途而废，更不要想着自己还可以转弯。当一种方法不能取得很好效果的时候，我们就要尝试其他方法，这样的人生才会更加精彩和充实。

高中毕业后，她没有考上理想的大学，就连不理想的学校也差很多分数。妈妈不忍心让她下地干活，就为她四处托人找关系，把她送去村里的小学当民办老师。但是，她显然不是当老师的材料，才给孩子们上了几天课，就被孩子赶下讲台。原来，孩子们都听不懂她讲课。她感到很沮丧，大学没考上，连教小学生都教不了，为此她很灰心地问妈妈："妈妈，我是不是做什么都做不好？"妈妈对她说："没关系，有的人适合做这个，有的人适合做那个。你既然不适合当老师，就去尝试干点儿别的工作。"

后来，她进入村子里的砖厂当会计。原本，她是打定主意要把这份工作做好的。但是，因为她太较真，把账目算到每一分，结果砖厂里的各级干部都对她有意见，没过多久，她砖厂的工作也干不成了。此后的日子里，她还当过清洁工、纺织女工，在鞋厂、服装厂都干过，但是都只干了很短的时间就结束了。她万念俱灰，觉得自己注定一事无成。这个时候，又是妈妈鼓励她，让她尝试着写小说。她上学的时候文笔就很好，如今又多了一些生活的阅历，为此写起小说、散文都很顺畅。她开始投稿，并且把小说在网络上连载。结果，她的粉丝越来越多，在坚持了半年多之后，居然有一家出版社主动联系她，要为她出版小说。她受宠若惊，答应了出版社的一切条件，就这样摇身一变成为一名作家。此后的日子里，她一发而不可收，把文章写得非常好，也吸引了众多忠实的粉丝。

她也许不适合做很多事情，但是她却适合写小说。兜兜转转这么久，她原本对于人生都有些失望了，却在失望之余，在妈妈的鼓励下，成为一名靠着文字生存的才女。不得不说，每个人都是有天赋的，重要的是要发现自己的天赋所在。就像摩西奶奶在一生之中的大部分时间里，都与绘画无缘，而直到76岁那年，她才因为偶然的原因拿起了画笔，从此进入人生中最为辉煌璀璨的时光，成为举世闻名的大画家。不得不说，人生总有固定的轨迹。此时此刻，我们误以为自己正在轨迹上，有一天却发现自己原来走了偏路。

每个人都不可能一蹴而就获得成功，在觉得人生艰难的时候，不要抱怨，不要沮丧，而是要持续地努力进取，这样才能通过不断的尝试找到最适合自己的人生道路。人生，是急不得的，正如人们常说的，心急吃不了热豆腐，只有保持耐心，勇敢无畏地面对人生，细致用心地经营人生，我们才能获得人生的丰厚馈赠。

如果你被拒绝52次，还有勇气继续吗

不管是在生活中还是在工作中，如果你被拒绝52次，你会怎么做？看到这个问题，先不要急于说大话，而是要真正静下心来问自己：如果真的发生被拒绝52次的情况，我的真实反应会是什么？你会发现，你的真实反应是，被拒绝顶多3次，你就已经决定要放弃努力，所以在你看来，被拒绝52次的情况根本不会发生。看到这个回答，你是否会会心一笑，原来，你也和我一样，我们都是这么脆弱，而且一直在掩饰自己的脆弱。连被拒绝52次的机会都没有，怎么可能知道自己是否有勇气继续呢？所以，我们需要做的是让自己有勇气，在被拒绝3次之后依然能够努力尝试，这样我们才有资格进行更进一步的思考。

尼克·胡哲一出生就与众不同，他患有罕见的海豚肢症，他没有四肢。为此，他看起来就像是一个滑稽的海豚来到了这个世界上，进入了错误的人生通道。父母在尼克刚刚出生的，看到他的第一眼，险些晕倒：这样一个孩子，怎么办？对于每一个为人父母的人而言，孩子的健康是他们最大的心愿，因此，发自内心无法接受这样一个重度残疾的孩子，也是人之常情。但是，尼克的父母都非常坚强，他们深知孩子的未来取决于他们的态度，所以他们调整好心态，就像爱一个健康的孩子那样去爱尼克。

小时候的尼克是一个快乐的婴儿，因为他不知道自己与别人有什么不同。但是随着不断的成长，他总是受到别人的嘲笑，尼克越来越烦恼，甚至压根儿不想继续活下去。有几次，尼克都选择了自杀，但是父母又把他抢救回来，给予他无微不至的爱与照顾。最终，尼克放弃了自杀的想法，选择坚强地活下来。在父母的大力支持下，他像一个正常的孩子那样生存、成长，还突破了自己身体的限制，学会了很多极限运动，如游泳、冲浪等。最终，尼克不但成立了属于自己的公司，还娶妻生子，过上了特别正常的生活。为了激励更多的人在人生的困厄之中站起来，勇敢面对人生，尼克还成为一名演讲家，用亲身经历鼓励人们在人生的绝境中绝不放弃。不得不说，尼克就像是一颗闪亮的星星，照亮了无数人的生命。

当然，尼克获得今日的成就绝非偶然。他早就立志于成为一名演讲家，因此他在读大学的时候，就向学校推荐自己，想要得到演讲的机会。但是，学校的相关负责人低估了他的能量，而且接连52次拒绝了他。不得不说，尼克的内心是非常强大的，他知道自己有缺陷，在被拒绝之后也没有气馁，而是继续努力打电话，向学校争取机会。就这样，在被拒绝52次之后，他终于如愿以偿地得到了尝试演讲的机会：只有5分钟的演讲时间，酬劳也特别低，只有50美元。但是正是这次来之不易的机会，尼克开始了精彩传奇的演讲生涯。此后的日子里，他的演讲遍布世界各地，邀请他去演讲的人更是数不胜数。每次演讲，尼克都慷慨地分享自己的成长经历，也坦诚地告诉每一个人他是如何获得成功的。就这样，尼克激励了无数人，也因此征服了无数人。

通常情况下，那些身体有残疾的人会更加自卑胆怯和敏感，尼克以前也是如此。但是在自杀未遂决定活下来之后，他就彻底战胜了自己内心的怯弱，坚强勇敢地面对这个世界。所以在向学校争取演讲机会的时候，尼克才会不遗余力地推荐自己，哪怕被拒绝52次，也绝不放弃希望，而是继续努力，再接再厉。如果你被拒绝3次就要放弃，甚至在还没有被拒绝的情况下，就因为胆怯和畏缩而否定自己，你有什么资格要求获得和尼克一样的成功呢？要想成为一个真正的人生强者，我们首先要强大自己的内心，这样才能真正主宰人生，驾驭命运。

成功是没有秘诀的，要想获得成功，我们必须坚持，坚持，再坚持。任何时候，都绝不放弃，绝不放弃，绝不放弃！

对于开着的门，还有必要用钥匙吗

曾经有一个人自称是开锁大师，能够打开世界上所有的锁。有一个小镇地处偏僻，小镇居民在听说大师口出狂言之后，他们决定捉弄一下这个大师。因此，他们在对大师发出邀请的同时，就开始准备一个铁笼。原来，他们想让大师现场展示如何从铁笼子里打开锁，走出铁笼。转眼之间，展示的日子到了。大师自信地走入铁笼子，小镇上的人在把笼子关好锁好之后，就走到笼子旁边等着大师打开笼子。

大师气定神闲，丝毫不把这把看似很大的锁放在眼里，他完全有信心把锁打开。然而，时间一分一秒地过去，大师不停地尝试开锁，锁却没有任何反应。大师不由得着急起来，额头上甚至冒出汗来。又是很长时间过去，人群开始议论纷纷，这个时候，大师终于无奈地宣布："我无法打开这把锁！"小镇上的人高兴地笑起来，这个时候，有人走过去把锁展示给大师看，原来，这把锁根本没有上锁。大师失败了，不是败在学艺不精，而是败在他陷入了思维定式，误以为所有的锁都是锁好的。

的确，即使技艺再高超的开锁大师，也不可能打开一把没锁的锁。因为没锁上的锁在尝试打开的过程中，里面的机关不会被触动。现实生活中，我们也常常会犯和开锁大师一样的错误，总是不知不觉就会进入思维的怪圈，也会被经验主义限定。所以，我们必须打开思维的局限，让自己的思维更加广阔和灵活。

暑假里，张丹很难熬。原来，平日里学习很好的张丹，在高考中失利，没有考上理想的大学，被一家师范院校录取。对于自己何去何从，张丹始终都很犹豫纠结，因为他既想复读，也害怕明年的高考形势会更加严峻。看着张丹痛苦的样子，爸爸对张丹说："你自己决定吧。不管你决定怎么做，我都支持你。不过，人生不是一局定成败的，总还有机会。"爸爸的话让张丹陷入沉思。思来想去，张丹决定去师范院校读书。虽然下了这样的决心，但是张丹心里还是觉得师范院校不合自己心意，因此开学的时候，他带着复杂的心情来学校报到。没想到，到了学校之后，张丹发现同学都很友好，也很聪明，卧虎藏龙。张丹这才意识到人外有人，天外有天，他再也不敢小看同学了。

结果，张丹度过了愉快而充实的四年师范院校时光，凭着努力考入了另外一所高校的研究生。回想起在师范学校的生活，张丹由衷地说："我很感谢那段时光，如果没有那段时光，也就没有今天的我！"

案例中的张丹因为没有考上理想的大学而苦恼，而实际上，人生有很多绽放的方式，未必只有考上名牌大学这一条路可以走。在爸爸的劝说下，张丹才勉强解开心结，去师范院校报到。他真正解开心结，是在进入学校，认识那些聪明可爱的同学之后。在对大学怀着积极的态度去接纳和拥抱之后，张丹进步很快，校园生活过得愉快而又充实，正因为如此，他才能考上研究生，从而改变自己的命运。

西方国家有句谚语叫作，条条大路通罗马。在人生的道路上，我们固然要坚定执着，却也不要一头撞到南墙上。只有不断地顺势而为，调整思路去发展，我们才能更好地驾驭人生。记住，有的时候，门是没有锁的，所以先不要急着开锁，而是要审时度势，再做定夺，这样才能事半功倍，马到成功。

第 06 章

勇士直面挑战，懦夫惧怕困难

所谓勇士，就是即使身处逆境，也能够勇敢无畏面对人生，也能够坚持到底绝不放弃的人。由此可见，真正的勇士是能够战胜自己的人，也是能够直面挑战的人。任何时候，要想成功，只有先成为真正的勇士，我们才能不断壮大自己，不忘初心，砥砺前行。要相信，阳光总在风雨后，你一定能看到人生的彩虹！

挑战挫折，你才能砥砺前行

人生不如意十之八九，每个人都会遭遇各种各样的挫折。很多朋友因为遭遇磨难而自暴自弃，畏缩不前，实际上，挫折是人生的常态，任何时候，我们都要当人生的强者，而不要在遭遇小小挫折的时候就止步不前，否则人生就很难取得进步。古往今来，那些成功者、伟大的人，之所以能够成就伟业，就是因为他们有着勇敢无畏的心，能够面对磨难，越挫越勇。

一切的挫折，就像我们成长道路上各种各样的小石子、大石块和坑坑洼洼，总是对我们的人生产生各种各样的影响，但是我们不能因噎废食，不能因为这些障碍的存在，就不愿意继续朝前走。只有走过人生中的各种挫折与磨难，我们才能坦然面对人生中的惊涛骇浪，因为每个人的能力都是在不断发展和进步的，如果始终都在抱怨，而不以积极的态度面对人生，则人生难免会陷入困顿之中，也会因此而变得停滞不前。

现代社会，没有人能顺遂地走过人生。越是在艰难的处境里，越应该有的放矢面对人生，这样的人生才会更加从容坦然，也才会拥有更好的成长和未来。如果总是在人生之中退缩和畏惧，日久天长，就会形成胆怯的习惯，从而导致人生面对更大的困境和无奈。

有个年轻人从名牌大学毕业后，一直没有找到合适的工作。原来，他自视甚高，总是对自己有着很高的期望，而不愿意降低自己的身份，去从事普通的工作。为此，他常常会感到迷惘，也因此而失落。后来，正值一家大公司大规模招聘，年轻人赶紧去投递简历，参加面试。年轻人的确是有实力的，虽然面试的程序很多，要求也很严格，但是他过五关斩六将，最终和其他9个人一起，从一百多人中脱颖而出，得到进入最后总裁面试的机会。

整个面试过程中，年轻人的表现都非常好。但是，在三天之内，他并没有接到公司的录取通知。他感到很绝望，居然趁着家人不注意，偷吃了一大瓶安眠药。幸好家人发现及时，把他送入医院，才救了他一条命。正在年轻人清醒过来的时候，他的家人用他的手机接到了公司的录取通知，原来公司的电脑程序出现错误，才导致没有及时通知到年轻人。但是在听说年轻人因为小小的挫折就选择自杀，暂时还不能去公司上班之后，公司领导经过一番权衡最终决定弃用年轻人，因为他们认为年轻人的内心太脆弱，未来在工作中一旦遇到困难和挫折，说不定还会做出什么过激的事情来呢！

一个人，如果没有强大的内心，当在生活中遇到坎坷和挫折的时候，就会因此而情绪激动，以致陷入更大的被动状态之中。作为用人单位，当然不愿意聘用这样内心脆弱的员工，毕竟职场上的竞争是非常残酷的，而且职场上的变动也非常大。和这样内心脆弱的员工相处，不但很累，而且也会因为一些莫名其妙的小事情就闯祸，自然会导致更加严重的后果。因此，我们要先修炼好自己的内心，才能更加健康成长，也才能让自己的身心都很强大。

对于每个人的人生而言，挫折都是必修课，作为年轻人，一定要重视挫折，才能在战胜挫折的过程中不断地成长，也才能提升自己的内心，让自己变得真正强大起来。记住，没有人可以一蹴而就，在成长的道路上，我们必须非常努力进取，坚持前行，也要迈过各种坎坷和挫折，才能全力以赴去成长，也才能不断地提升和完善自己。记住，每一个挫折都是人生中成功的种子，我们要选择正确的方式呵护这粒种子，才能让这粒种子生根发芽和成长。当每一个挫折都在我们的人生中生根发芽，不断成长，我们的人生就会有更加强大的力量，也会获得更加长足的发展。

记住，在通往成功的道路上，只有天时地利人和是远远不够的，还要对于人生有悟性，也能够直面人生的各种不如意和磨难。这样我们才能在人生的道路上不忘初心，砥砺前行，也才能将挫折与坎坷作为进步的阶梯。在与挫折拼搏的过程中，我们一定要牢记一个道理，那就是如果我们战胜了挫折，就可以获得成长，如果我们败给了挫折，那么挫折就会成为我们的一个软肋。随着我们输给挫折的次数越来越多，我们的软肋也会越来越多。可想而知，总是向挫折妥协，必然会导致我们变得越来越被动和无奈，对于人生也会失去主动权。因此，明智的朋友们，一定要慎重对待挫折，绝不轻易向挫折缴械投降。唯有给予挫折强有力的打击，才能让挫折向我们低头！

当你意志坚强时，挫折就会向你臣服

正如人们常说的，困难像弹簧，你强它就弱，你弱它就强。在生命的历程中，我们常常会面临很多坎坷和艰难，当我们向困难缴械投降时，困难就会对我们趾高气扬。我们只有端正态度对待困难，绝不向困难屈服，才能在困难面前表现出坚强的姿态，也才能让困难向我们缴械投降，低头臣服。虽然人生不是战场，但是在面对挫折的时候，我们却要把人生当成战场。只有不断地努力前进，战胜人生的各种磨难，我们才能成为人生的强者，才能成为生命的主宰。

现实生活中，很多朋友都抱怨人生从来不是顺遂如意的，其实不如意正是人生的常态，也是人生的必然。与其怀着被动的态度面对人生，消极抵抗人生中的各种糟糕状态，不如摆正心态，更好地面对人生，也给予人生更好的成长和更多的机会。这样的人生，才是更加有力量的。也有人说，挫折是人生的试金石，苦难是人生的必修课，的确如此。一个人要想真正做到内心坚强，生命厚重，就一定要全力以赴奔向未来，也要给予人生更多的成长和希望。细心的朋友会发现，在顺境中长大的孩子，往往耐挫力很差，而在逆境中长大的孩子，承受挫折的能力会更加强大。古往今来，许多成功者并非天赋过人，也并非得到了好运气的青睐，而是因为他们总是能够坚定不移地战胜挫折和磨难，锤炼自己的心性，磨炼自己的意志，而绝不屈服。作为年轻人，我们更要勇敢无畏地畅行人生，也要全力以赴做好该做的事情，让自己不断成长。

大名鼎鼎的物理学家霍金2018年离开了人世，引起了世人的沉痛悼念。其实，世界上伟大的科学家很多，但是为何霍金去世让世人这么关注呢？这是因为霍金不是一个普通的科学家，而是一个身患重疾的科学家。霍金二十几岁就患上严重的卢伽雷病，被固定在轮椅上，失去自由行动的能力。随着病情越来越严重，全身之中只有大脑还可以自由运转，一个手指能活动。不得不说，这样严重的疾病，对于常人而言，哪怕是生存下来都很艰难，但是霍金却在这样的情况下坚持进行科学研究工作。

曾经，有一位女记者在参加霍金的学术报告会之后，非常同情地问霍金："在未来的人生中，您都将在轮椅上度过，您是否对于人生有莫大的遗憾呢？"霍金的脸上始终带着平静的微笑，他用唯一能活动的手指，缓缓地敲击键盘，很快，他的回答出现在巨大的屏幕上："我还有手指可以动，我还有大脑可以思考，我还有值得投入毕生的事业，我还有爱我的人和我爱的人，我感恩生命……"看到霍金的回答，大家都陷入沉默之中：霍金的人生在常人看来简直糟糕透顶，但是他对生命只有感恩，没有抱怨，难怪会成为人生中最坚强的斗士。

可想而知，当人生只剩下大脑和手指可以活动，该是多么悲哀和无奈啊！但是，霍金坦然接受了命运的安排，自从二十多岁发现身患卢伽雷疾病之后，他没有放弃希望，而是非常努力学习，在科学的道路上坚持前进。正是因为有着这样坚韧不拔的精神，霍金才能成为科学的巨人，才能对于整个人类社会发展起到推动作用。

作为成功者，也许有着不同的成功条件和因素，但是他们有一个共同点，那就是在面对人生中的坎坷挫折时，始终不断地努力向前，坚持超越。常言道，天无绝人之路，对于每个人而言，人生没有绝境，既然如此，不管面对怎样的境遇，我们都要继续坚持，绝不放弃，也要全力以赴，经营好人生的各个阶段，应对好人生的各种状态。如果一定要说成功者与失败者之间有什么区别，那么唯一的区别就是成功者面对失败更有勇气，意志坚强，而失败者面对失败却常常一蹶不振，再也无法振奋精神去面对一切。

记住，任何时候都不要抱怨挫折，因为抱怨不但无法战胜挫折，反而会导致我们在成长的过程中面临更多的挫折。唯有面对挫折，意志坚强，百折不挠，我们才能更好地成长，也才能在未来的人生道路上获得更多的收获。

足够忍耐，积蓄人生力量

看到“忍耐”二字，相信很多朋友脑海中会想起一句话：忍字头上一把刀。的确，忍耐是一件令人痛苦的事情，尤其是对于那些还没有习惯于忍耐的人而言，忍耐更会使他们感到非常艰难，也常常会因为无法控制自己而导致自己陷入被动的状态之中。实际上，忍耐应该成为人生的一种习惯，忍耐不但是要自己更加隐忍，也是让自己学会宽容和接纳。在这个世界上，绝没有十全十美的人和事存在，面对形形色色的人和事，我们就要更加坚定不移地忍耐，才能让自己更加宽容，更加博爱。当形成了对待人生宽容的好习惯时，我们也就可以不那么痛苦地忍耐，也就可以在忍耐的过程中积蓄人生的力量，让未来收获多多。

如今，很多年轻人都是火暴脾气，实际上，年轻人更要学会忍耐，才能不断地磨炼自己的心性，让自己做得更好。当然，很多年轻人都容易冲动，这是因为缺少人生经验，或者是脾气秉性等原因导致的。常言道，忍一时，风平浪静。有的时候，冲动就像是人生的魔鬼，常常使我们误入人生歧途，甚至做出让自己追悔莫及的事情。

其实，人生中力量的迸发，并不需要一直都怀着冲动和闯劲去做很多事情。很多喜欢运动的朋友知道，要想让自己爆发出更为强大的力量，就要学会把拳头收回来，这样再出拳的时候才会有力量。就像跑步，尤其是在百米短跑中，为何每个人都会先弓起身体来等待发令枪响起呢？这是因为把身体弓起来，等到发令枪响起，就会迸发出强大的力量，使得人们可以在最短的时间内把力量迸发出去。不得不说，忍耐对于人生也是至关重要的。只有忍耐，才能更加创新和成长，也只有忍耐，才能让自己在人生中守得云开见月明。

忍耐不但有助于积攒力量，也是一个人有修养、有涵养的表现。当一个人能够在很多情况下都保持忍耐，也可做到心宽体胖，那么他就可以有更好的人生表现，也可以表现出自己的气度和涵养。正如人们常说的，宰相肚里能撑船。只有善于忍耐的人，才能容忍天下难容之事。自古以来，因为心胸狭隘，导致生命受到伤害的例子并不少见。例如在三国时期，周瑜说“既生瑜，何生亮”，然后吐血身亡，不得不说，这就是不善于忍耐、心胸狭隘的表现。也有些人不善于忍耐，最终的结果不是把自己气得昏头涨脑，就是因为冲动做出无法挽回的举动。可见不懂得忍耐后果往往是非常严重的。

我们一定要善于忍耐，因为忍耐既是人生的哲学，也是人生的艺术，更是人生中为人处世的根本。人们常说大丈夫要能屈能伸，其实也是在告诫那些血性方刚的年轻人，一定要控制好自己，成为自己情绪的主宰，才能全力以赴做好该做的事情。

夏雨是一个留洋归来的博士生，他原本以为自己在找工作的时候一定会非常顺利，3个月找工作未果，他才发现一切情况并不像自己想象的那么乐观。很多用人单位只需要招聘本科生，所谓杀鸡焉用宰牛刀，他们当然不愿意招聘研究生、博士生等人才，否则就要付出更高的薪水。而在要求高学历人才的岗位上，竞争也同样激烈，有很多研究生和博士生都想找到一份好工作。就这样，夏雨高不成，低不就，有一次他甚至表态愿意去做本科生的工作，用人单位也担心他眼高手低，而放弃聘用他。夏雨郁闷极了，当初求学深造，就是为了有一份好工作，有一个好的事业发展渠道。如今，没想到博士学历反而成为他求职道路上的限制和禁锢。

思来想去，夏雨收起自己的研究生学历、博士学历，只拿着本科学历去求职，并且把自己的简历也进行了相应的改变。果然，才过去一个星期，降低要求的夏雨就找到了一份不错的工作。夏雨开心极了，马上全力以赴投入工作。虽然做着非常简单的工作，但是夏雨很认真，一丝不苟，在工作上的表现可圈可点。有一天，公司里的一个系统出现漏洞，导致整个公司的计算机都陷入瘫痪状态。老板急得团团转，但是技术员却迟迟没有赶来，于是夏雨向老板毛遂自荐："老板，让我试试吧！"虽然夏雨平日里的工作表现还不错，但是老板却很怀疑："你真的行吗？"夏雨说："反正已经坏了，我不可能越修越坏。"老板一想也是："死马当作活马医吧！"老板点点头，示意夏雨试一试。没想到，夏雨很快就把系统漏洞修复好，还顺便优化了系统，大家都反馈说系统更好用了。老板由衷地对夏雨竖起大拇指，说："没想到你这个本科生，能力这么强，我可算是挖到宝贝了！"夏雨笑着对老板说："老板，其实我是研究生。只不过，当初单位只需要招聘本科生，我就浑水摸鱼进来了。"老板很惊讶，当即说："你是研究生啊，那可不能屈才！从现在开始，你就担任部门主管吧！"

这次事情之后，老板对于夏雨更加器重。没过多久，公司的一个大客户在使用器材的过程中出现问题，而且问题还挺严重的，涉及工程学，与电脑系统也密切相关。老板在公司里找了好几个高级技术人员，他们都摇摇头，表示目前没有想到好办法解决问题。这个时候，夏雨再次挺身而出。虽然老板知道夏雨是有能力的，但是对于这个连技术承包公司都无法解决的问题，夏雨真的能搞定吗？老板一边派出夏雨去尝试，一边继续联系更高级别的工程人员。没想到，夏雨才去客户公司3天，就把问题解决了。老板对夏雨佩服得五体投地："你上学的时候成绩一定非常好，否则怎么能三下五除二就把博士都解决不了的问题给搞定呢？"夏雨忍不住笑起来，说："我就是博士啊！当时还想攻读博士后呢，这恰好是我读博期间的研究课题。"老板瞪大眼睛看着夏雨："夏雨，你是条龙啊！"当即，老板就提升夏雨为公司的副总，从此以后更是与夏雨以兄弟相称。

在这个案例中，夏雨之所以能够在短时间内做到副总的位置，就是因为他对自己有准确的定位。他一开始以博士学历找工作，面临着高不成低不就的尴尬局面，后来，他以本科生找到工作，在工作中低调认真，做出成绩。在这种情况下，他再循序渐进展示自己的实力，按部就班表现出自己的能力，最终赢得了老板的认可和赏识。如果不能忍耐，不能让自己先踏踏实实做好不起眼的小事情，那么夏雨就不可能有所提升，有所呈现。

在人生的道路上，我们明明有实力，却未必马上找到机会展示出来。在这种情况下，我们要忍耐人生的困厄，也要忍耐人生的低谷，从而在成长的道路上潜伏起来，让自己积蓄力量，当时机合适的时候提升自己，获得成长。大导演李安在成为知名导演之前，曾经连续6年没有戏可拍。因此，他不得不在家里当家庭煮夫，而让妻子承担起养家糊口的重任。但是，李安这6年没有荒废，而是一直在观看各种经典影片，学习拍摄的知识，不断地积累和提升自己。最终，李安如同蛟龙出水，拍摄出的作品得到了很多人的认可和欣赏。我们虽然是普通而又平凡的人，却也要学会提升自己的内心，开阔自己的心胸，这样才能真正敞开怀抱接纳人生，也最大限度地圆满自己的人生。

坚持到底，才能看到希望

很多时候，人生总会遭遇接二连三的失败，对于这样的困境，有些朋友无法面对和承受，也因此对于人生产生质疑，甚至彻底否定人生。最后，他们变成了人生中的逃兵，也成为失败者，无法在与人生的抗衡中获胜。但是有些人则恰恰相反，越是在人生的困境和绝境中，他们越是坚持不懈，努力向前，从而激发出自己全部的力量去与命运抗争，或者战胜了命运，或者败给了命运，无论结果怎样，都得到了宝贵的经验，也让自己在人生前行的道路上有更多的可能性。

人人都知道，坚持到底就是胜利，人人也都渴望获得成功和胜利，但是真正为了圆满人生而始终坚持的人却少之又少。这到底是为什么呢？原来，有些人会犯眼高手低的错误，都会在想得很好的情况下却做得很糟糕。因此，要想不断进步和成长，我们首先要战胜自身的劣根性，才能勇往直前努力进取，才能把事情做得更好。记住，失败是人生的常态，也是成功的母亲，要想用失败孕育出成功，我们就要非常坚持和努力，也要在失败面前挺直脊梁，用平和的心去面对失败，也有的放矢地在人生中获得成功。

自古以来，没有任何人的成功是从天而降或者一蹴而就的。在河蚌的身体里，河蚌柔软的肉被砂砾磨得很疼，但是河蚌无法清除砂砾，只能与砂砾不断地磨合，也以自己的分泌物包裹砂砾。渐渐地，砂砾变得越来越光滑圆润，最终与河蚌融为一体，甚至成为河蚌精心孕育出来的珍贵东西。在人生之中，你可曾像河蚌一样去努力地孕育和磨合呢？古人云，宝剑锋从磨砺出，梅花香自苦寒来。不管是宝剑的锋芒，还是梅花的寒香，都是在坚持之后才得到的。因此，要想得到成功，每个人都应该具备重要的品质——坚持。

尤其是在追求成功的道路上，遭遇坎坷和磨难更是常事。你的梦想越是遥远和伟大，你的成功之路走得就越艰难。但是，不管你将面临什么，都不要放弃，因为放弃就意味着失去了一次很有可能成功的机会。有人说，所谓成功，就是比失败更多一次尝试。我们不知道哪一次才能获得成功，也不知道哪一次失败才是最后一次失败，既然如此，就要在失败之后马上鼓起勇气，再次勇敢去尝试，这样才能获得更多的收获和更好的结果。生命之中，最遗憾的事情莫过于在一转弯就能看到成功的时刻放弃，要想避免这样的情况发生，我们就要坚持做到最好，才能让生命绽放出光彩。记住，希望会给人生更多的机会，而绝望只会让人生充满阴霾。只有心怀希望的人，才会距离成功越来越近，也才会有更大的可能拥有精彩的人生。

作为一家报社的新生代记者，刘军在整个报社里都是传奇人物。原来，刘军每次采访从来不会像其他同事那样只找好采访的对象，他恰恰背道而行，每次都要去找最难以沟通的采访对象进行采访。因此，很多同事都说刘军现成的肉不吃，非要去啃硬骨头，对刘军感到非常奇怪。

难道刘军很傻，不知道那些采访对象是硬骨头吗？当然不是。其实刘军的想法很简单，作为一个新入行的记者，他希望自己从最难采访的对象开始攻克，这样接下来的工作就会越来越容易。正是在这种思想的指引下，刘军每次采访之前，都会把自己关在房间里，对着镜子大声告诉自己："我能行，我能行，我一定能行！"就这样接连做十次之后，刘军的声音越来越大，他的信心也越来越强。带着这样的信心，刘军去采访，大多数时候都能成功，也有极少数采访对象总是给刘军吃闭门羹。对于这样的采访对象，刘军从来不恼火，而是每天早早去采访对象的办公室门口等候，然后笑眯眯、不卑不亢地向他们问好。日子久了，有一位采访对象实在忍不住，问刘军："你没有其他的事情要做吗？"刘军说："采访您就是我的工作，因为还没有完成，所以我必须坚持。”这样的回答常常让采访对象忍不住笑起来，最终接受刘军的采访。

在如今的时代里，没有什么事情是很容易做的。要想做成一件事情，我们必须非常坚持。有的时候，一件小小的事情要想做好，也会有很大的难度，但是不要放弃，而是要继续努力，才能在人生的道路上奋勇向前。记住，不放弃，努力尝试，即使失败也会得到更多的经验，如果轻而易举就放弃，则常常会让人生面临很多困境和难关，导致连失败的可能性和成功的可能性都一起失去了。

案例中的刘军无疑是一个善于坚持的人，哪怕被采访对象拒绝，他也会不卑不亢地坚持，而且从来不会打扰采访对象。这样的坚持和真诚，让刘军最终感动了采访对象，也让刘军的采访工作得以顺利推进和完成。记住，人生的道路从来不是一帆风顺的，尤其是在通往成功的道路上，我们更会遇到很多坎坷和挫折。唯有坚定不移走好属于自己的道路，唯有在人生前进的道路上始终不忘初心，我们才能距离成功越来越近，距离梦想越来越近。

要有不屈不挠的精神和意志

要想拥有成功的人生，我们需要具备哪些条件和因素呢？有人觉得一定要有天时地利人和，有人觉得一定要有过人的天赋和丰富的人脉关系，前者借鉴了古人的经验，后者则借鉴了今人的说法。然而，不管采取何种渠道获得成功，有一点毋庸置疑，那就是成功从来不是轻而易举获得的，我们必须有不屈不挠的精神和意志，才能勇敢无畏地前行。越是在人生中遭遇艰难困苦的时候，我们越要振奋自己的精神，更加勇敢无畏地前行。这样一来，我们的人生才会获得巨大的成长和进步，也才会有更好的发展和未来。

英国大名鼎鼎的作曲家韦伯曾经说过，很多人之所以伟大，是因为他们把挫折当成了成功的种子。强大锋利武器，是经过烈火的淬炼才成型的；成功和璀璨的人生，是在挫折和磨难中才渐渐成型的。正因为如此，有人说挫折是人生中最好的学校，也有人说挫折与人生从来都是密不可分的。无论怎么说，都意味着挫折与人生的关系紧密，一个人遭受多少挫折，也往往决定了他会拥有怎样的人生。因此，朋友们，尽管人的本能是趋利避害，却不要总是奢望自己的人生一帆风顺，一则是因为这个世界上没有任何人的人生能够一帆风顺；二则是因为在成长的道路上，每个人都要经历挫折才能不断地成长。

在英国萨伦港的国家船舶博物馆里，有一艘船安静地陈列着。这艘船看起来千疮百孔，惨不忍睹，这是因为在海上服役期间，它遭受了无数次的挫折和打击。1984年，这艘船第一次下水。在大西洋上不断往返航行的过程中，它发生火灾13次，有几次还非常严重，都快把它烧焦了；遭遇冰山138次，有的时候是有惊无险，有的时候是被狠狠地撞击，有的时候还险些覆没；触礁116次，每次都是实实在在地触礁，能够存活下来简直是个奇迹；

遭遇风暴207次，桅杆每次都会受到伤害，彻底折断……看到这里，你一定很惊讶这艘船为何还能出现在博物馆里，不是应该早就葬身大海了吗？的确，仅从所经历的这些磨难来看，这艘船早就应该葬身大海，但是它没有，它从未沉没过，不管受到多么严重的伤害，它都能坚持回到岸边，回到修理厂，从而获得新生。

这艘船的命运是如此神奇，让人惊叹于它顽强的生命力和神奇的好运气。劳埃德保险公司被这艘船感动，因而花费购买了这艘船，将其从荷兰带回英国，陈列在博物馆里，就是为让这艘船的精神可以被更多的人所熟悉和知道。然而，这艘船一直沉默地在博物馆里展示着，直到一位美国律师的到来，让这艘船名闻天下。原来，这位律师当时输掉一场官司，而且委托人自杀，他感到很沮丧，内心深受打击。因此，他来到英国船舶博物馆参观，从看到这艘船的那一刻开始，他的内心深受震撼：一艘船都可以如此顽强，为何我们做不到呢？于是，他给这艘船拍下照片，并且编写了一段文字，作为配文，和照片一起挂在办公室里。后来，每当有人去他的办公室，他都会把这艘船的经历讲一遍，如此口耳相传，越来越多的人知道了这艘船的经历，也对这艘船非常敬佩。

是啊，就连一艘船都能做到如此不屈不挠，更何况我们呢？任何时候，不管遭遇怎样的折磨和打击，我们都不要放弃，只要我们足够坚持，绝不放弃，最终一定会击败那些坎坷与磨难，让自己更好地成长和发展。

生活之中，既有顺境，也有逆境，有些时候，逆境比顺境多，这也正应了人生的那句话：人生不如意十之八九。实际上，不如意就是人生的常态，与其因为各种不如意而一蹶不振，不如激发自己内心的力量，让自己坚强勇敢地去面对人生。现实之中，也常常有人抱怨自己的人生没有得到好机会，或者觉得自己被命运亏待。实际上，命运对于每个人都是平等的，当你抱怨人生无路可走的时候，路就在你的脚下。你一定要踏破荆棘，战胜坎坷，不屈不挠，才能在人生的道路上坚持前行，也才能走出属于自己的人生之路。

玉不琢，不成器；人不琢，不成才

古人云，玉不琢，不成器。再好的璞玉，如果不经过细心的雕琢，就不可能成为精美的玉器。同样的道理，作为一个人，如果没有接受过雕琢，也就不可能成才。那么，何为雕琢呢？有人理解得很狭隘，觉得所谓雕琢，就是接受教育，努力学习。实际上，在漫长的成长过程中，一个人接受学校中系统的教育，只是起到最小的作用。尤其是在现代社会，要求每个人都非常努力进取，保持终身学习的好习惯，才能不断地提升自己的能力，创造自己的价值。

在人生之中，只有短暂的时间可以在学校里接受系统的学习，更多的时候，我们走入社会，要开展系统学习，才能让自己有更好的表现和成长。尤其是在人生成长的过程中，每个人都会遭遇坎坷与磨难，必须摆正心态，始终坚定不移地努力向前，才能最大限度激发生命的力量，创造最伟大的成功。

现实生活中，很多人都有畏难的情绪。例如，一些刚刚毕业走出大学校园的毕业生，找工作的要求就是：旱涝保收，工资高，福利好，干活少，不加班。不得不说，这样的工作在如今的时代里真的很难找，因为付出与回报已经密切挂钩，而且在市场经济背景下，没有任何一个公司愿意养闲人。因此，作为年轻人，不要在还没有付出的时候就想要享受，要知道这个世界上除了父母会无私地对孩子好之外，没有任何人会无缘无故地对你好。尤其是在走上社会之后，不管你是一个新手菜鸟，还是一个刚毕业的大学生，没有人会特别照顾和对待你。一旦走上工作岗位，即使你的工作时间只有一天，你也应和那些即将退休的老员工一样工作。因此，不要怜惜自己，当你作为独立的生命个体呈现自己，你就必须把自己当成一个强者去对待。

大学毕业后，陈菊就进入现在的这家公司工作。她对待工作兢兢业业，把工作完成得都非常好，因此得到上司的赏识，很快就被提拔为部门负责人。如今，陈菊在公司里已经3年了，稳稳当当坐着部门负责人的位置，工资待遇也不错，所以她感到很满足。

有一次，公司里的一个销售区域出现严重问题，因为那个区域的总监正好休产假在家，于是上司向老板推荐陈菊去解决问题。其实，上司的本意是让陈菊好好表现，将来也许可以升任总监，但是陈菊深知问题棘手，就找了个生病的理由把这个任务推托了。无奈，老板只好要求另外一个部门主管去解决问题。这个主管二话不说奔赴前线，虽然费了很多的辛苦和周折，但最终把问题圆满解决了。这个时候，老板对主管说：“区域不可一日没有总监，既然之前的总监休产假了，就由你来代替她先管理这个区域。等她休完产假回来，或者她去新区，或者你去新区。总而言之，你已经是总监了。”听到这个消息，陈菊简直把肠子都悔青了。但是，时间不可能倒流，机会也不会重来。在公司里，每个中层管理者都有属于自己的位置，陈菊再也找不到这么好的晋升机会了。

人，总是要有担当的，不管是面对生活还是面对工作，在遇到难题的时候，一定不要盲目地往后缩，而是要迎难而上，把问题圆满解决好。所谓路遥知马力，日久见人心，越是在为难的时刻，越是能够看到人与人之间的真情所在，在职场里，也可以看出一个人的能力与品质到底如何。在职场上，很多人都羡慕那些能够成为老板心腹的人，觉得他们在职场发展方面总是很顺利。殊不知，这些人之所以能够得到老板的信任，成为老板的心腹，与他们平日里总是对老板付出是有密切关系的。所谓种瓜得瓜，种豆得豆，任何时候，我们都不要总是对于人生怀有过度的奢望，只有耐心付出，才能真正得到收获。

很多年轻人初入社会，总会遭遇各种各样的挫折和打击，与其因为这些打击而一蹶不振，彻底失去成功的可能性，不如勇敢地承受挫折，承担起自己的责任。记住，生命的历程从来不可重来，我们一定要把握珍贵的生命时光，从而从容地成长。

第 07 章
就算全世界背叛你，你也不要背叛自己

现实生活中，很多人都会感到迷惘和困惑，尤其是在遭遇不如意的时候，他们更是觉得自己被深深地伤害，因此变得怨声载道，甚至彻底放弃在人生之中继续努力。实际上，人生是否能够更加从容向前，取决于心态，而并非完全取决于外部世界。正如人们常说的，心若改变，世界也随之改变。任何时候，我们都要把握和掌控自己的心，才能忠诚于自己，成为生命的主宰。

你的世界只属于你

每当你想要做一件事情的时候，如果身边的人总是对你指手画脚，你会怎么想？你一定很苦恼，也会因此而对他人感到厌烦，但是他人却毫不自知，依然对你想说什么就说什么，丝毫也不顾及你的情绪和感受。为此，你或者忍耐，或者爆发。忍耐的结果是自己很郁闷，爆发的结果是也许友情就在一瞬间破碎了。你会选择怎么做？

在决定怎么做之前，我们其实要弄清楚一件事情，那就是我们的人生只属于自己，我们是自己世界里的上帝。当然，这么说并非是让大家都成为任性的小孩，而是告诉大家要坚持自己的原则，维护自己的世界，而不要总是因为他人随随便便说出来的话，就扰乱了自己的心绪。此外，我们还要弄清楚他人这么说的理由。有些人的确是居心叵测的，他们因为嫉妒心强，所以从来见不得别人比自己生活得更好，每当看到别人有超越他们的地方，他们总是阴阳怪气，说些让别人心中不舒服的话，导致他人心情一下子由晴转阴。对于这样的损友，带给我们的都是负能量，有与没有并没有太大区别，甚至没有更好。还有的人之所以爱唠叨，完全是因为热情和好心。他们天生大嘴巴，就喜欢关注和评价别人的事情，对于这一类人可以敬而远之，也可以保管好自己的秘密不被他人知晓。

正如人们常说的，谁人背后不说人，谁人背后无人说。每个人都是群居动物，都需要与身边的人相处。在这种情况下，与其因为别人的一些评价就迫不及待想要改变自己，以迎合他人，还不如坚持自己的人生原则，从而避免被他人改变和掌控。记住，对于那些流言蜚语，我们可以过滤掉，屏蔽掉，对于他人的意见和建议，我们也可以做到有则改之，无则加勉。既然我们不管怎么做都无法让所有人满意，还不如调整好心态，坚定不移地做好自己，做真实的自己，这样的我们才会更加从容。

作为一个正值青春年华的女孩，思思对于自己的现状其实挺满意的。她刚刚30岁，就已经买了属于自己的小公寓，尽管很小，但是却很精致，是她自己的独立世界。她还有一份很不错的工作，每年因为工作原因都有出国的机会，而且薪水也不错，足够她支撑自己的小资生活。但是，就是这样自我感觉良好的思思，总是被爸爸妈妈和周围的亲戚朋友催着找男朋友。尤其是大姨，每次一见到思思就说：“思思，你都快变成老姑娘了，怎么还不抓紧时间找男朋友呢？”一开始，思思还能忍耐着大姨，但是有一次在商场里和朋友一起逛街的时候，遇到大姨，大姨也这么说，思思觉得很没有面子，当即黑着脸对大姨说：“大姨，我单身是我自己的事情，就不劳烦您操心了！”大姨看到思思脸色很难看，虽然当时很生气，也没有表现出来，而是在尴尬地和思思打过招呼之后就离开了。后来，大姨给思思的爸爸妈妈打电话说了这件事情，爸爸妈妈生气地训斥思思："你这个丫头怎么不识好人心啊！你大姨还不是为你好嘛！"思思也一本正经告诉爸爸妈妈："我不管你们出于什么目的，总而言之，以后不许任何人问我有没有男朋友，否则别怪我翻脸。那些七大姑八大姨，你们最好通知她们，否则下次见面再七嘴八舌，就是难看的时候！"爸爸妈妈感受到思思的一本正经，赶紧建了个亲戚群，在群里把思思的最后通牒告诉大家。

对于思思而言，当着朋友或者同事的面，被大姨催着找男朋友，叫作老姑娘，当然是一件很丢脸的事情。其实，是否找男朋友，什么时候找男朋友，正如思思所说的，完全是她自己的事情，跟别人没有关系。只不过中国是人情社会，尤其是在亲戚朋友多的地方，关系总是很复杂。在这种情况下，如果被外界的人困扰，与其一味地忍耐，不如向他们表明自己的心迹，也可以避免再次见面的时候彼此闹得不愉快。

不知道为什么，总有些人对于别人的一举一动都很关心。他们关心别人是否找到了对象，每个月拿多少薪水，是否已经找到了新工作。实际上，这些事情和他们没有半毛钱关系，但是他们就是愿意问，还要冒着被批评和嫌弃的风险。这既可以解释成人的好奇心在作怪，也可以解释成人的八卦心理太过严重。不得不说，要想管好自己的嘴巴和耳朵实在太难了。要想把自己从流言蜚语的旋涡中解救出来，就要管理好自己的世界，不让别人随便来"捣乱"。

独自设计自己的人生

你的身边是否有这样一类人，或者你自己是否就是这样的人，那就是从小到大按照父母设计好的人生节奏按部就班地发展，从来没有一件小事情是自己独立做主完成的。这样的人生乍听起来很省心，因为根本不用自己费心去争取或者安排很多事情，而只需要按照既定的节奏去走就行。但是当你渐渐长大，你会发现你的人生变得苍白无力，你甚至已经成人，却依然无法为自己的人生做主，因为你的父母总是在你身边指手画脚，甚至索性代替你去决定很多事情。在这样的情况下，你未免觉得郁闷，也觉得自己都这么大了，之前的人生简直都白活了。其实，这就是因为你的人生被设计了。

作为孩子，虽然因着父母来到这个世界上，但既不是父母的附属品，也不是父母的私有物，而是与父母之间有很大的不同。孩子是独立的生命个体，父母精心抚育孩子成长，也不能代替孩子去决定很多事情。作为父母，要摆正自己的位置，要把握好与孩子人生之间的距离。在孩子小时候，父母当然要代替孩子做各种事情和决定，但是当孩子渐渐长大，父母就要学会放手，让孩子对自己的人生负责。实际上，两三岁的孩子就开始有自我意识，他们渐渐地把自己与外部世界独立开来，为此会表现出很霸道的行为。实际上，这是孩子的自我意识逐渐形成的表现。对于孩子，父母必须掌握正确的教育方法，也要学会引导孩子，才有利于孩子健康成长，也有利于孩子独立。

每个人的人生都是不需要设计的。每个人都不是木偶，不需要被人提着线去操纵。遗憾的是，现实生活中，有太多的年轻人已经习惯被父母照顾，而父母也已经习惯了无限度地参与孩子的生活。不得不说，这样的父母和孩子都需要努力反思自己，改变人生的状态。父母即使再爱孩子，也不可能永远陪伴在孩子身边，照顾和呵护孩子。因此，作为父母，一定要更加理性爱孩子，而不要以溺爱的方式害了孩子。否则，等到有一天父母老去，孩子还如何能够支撑起整个人生，肩负起赡养父母的重任呢？

小可自从诞生以来，妈妈一直称呼她为“儿子”。原来，在小可出生之前，妈妈就根据种种迹象推断她一定是个男孩，所以心急的妈妈在小可还没有降临人世的时候，就已经为小可准备了各种各样的男孩衣服和用品。其实，妈妈本身是不重男轻女的，只是因为心中早就做好了准备迎接儿子的诞生，因此在看到小可的一刹那，妈妈有些惊讶。和妈妈相比，爸爸是很重男轻女的，为此妈妈总是称呼小可为“儿子”，爸爸则总是称呼小可为“丫头片子”。

虽然小可已经三四岁了，但她对于自己是男孩还是女孩的问题一直很困惑，性别意识没有其他孩子那么好。因为爸爸一直想要个儿子，所以他就把小可当成男孩来养育，希望小可和男孩一样活蹦乱跳，也希望小可将来能够成为一名工程师。就这样，小可被当成男孩子养大。父母早就为她安排好了一切，从幼儿园到小学，从小学到初中、高中，终于到了高考的时候，爸爸坚决要求小可报考理科。但是小可也很坚决，她喜欢文学，成绩又很好，所以想考北京大学中文系。就报考什么学校，爸爸和小可之间发生了大战。最终，从小习惯了听从爸爸妈妈话的小可败下阵来，极不情愿地选择了一所以理科为特色的大学。

然而，大一才上了半学期，小可就无法忍耐下去。她向学校申请转入与中文有关的院系，这次甚至没有征求爸爸妈妈的同意。就这样，小可大学读完，顺利考入北京大学中文系的研究生，爸爸这才如梦初醒。小可拿着自己已经出版的一本小说给爸爸看。爸爸尽管愤愤不平，但是看到女儿居然已经成为作家，还是着实吓了一跳。此后的日子里，小可自由自在地继续求学，开心极了。

很多父母都依然固守着“学好数理化，走遍天下都不怕”的传统理念，总是要求孩子学习理科。实际上，孩子到底应该学习什么，不是由哪种学科更热门或者哪个学科更好找工作决定的，而是由孩子到底对什么感兴趣、更愿意学习什么决定的。

作为年轻人，不但要对选择学习什么自己做主，在走入社会之后，会对人生拥有更大的选择权，因此要更加有主见，对自己的人生做主。记住，每个人都有自己的人生，作为孩子的人生，绝不是父母人生的延续，而作为一个独立成人的人生，你也无须去模仿任何人。只有活出自己独特的人生和模样，你才能获得真正的成功！

把握机会，适度展示自己

在成长的道路上，很多人自诩有才华、与众不同，因此他们总是沾沾自喜，想要在成功的道路上活出独属于自己的精彩。然而，当他们怀揣着不切实际、好高骛远的梦想前行，残酷的现实终究会把他们打败，他们会发现自己原来并没有那么优秀和出类拔萃，看着人外有人、天外有天的世界，他们迷惘了：为何别人轻而易举就能获得成功，我却总是这样犹豫不定，在人生中止步不前呢？为何我这么努力辛苦，却总是付出得不到回报，而且常常会被他人误解和伤害呢？实际上，当你的努力没有开花结果，不是努力本身出了问题，而是你的努力还没有达到一定的程度。

古人云，千里马常有，而伯乐不常有。在这个时代里，没有真正的怀才不遇，如果你真的有才华，就不要总是等着伯乐来找你，来赏识你，而是应该努力争取遇到伯乐，并且在伯乐面前展示自己。记住，这不是一个酒香不怕巷子深的时代。因为好酒实在太多，如果你在巷子里，人们在找到你之前早已享受了很多美酒，根本不愿意去费心劳力地寻找你。所以，我们不但要酒香，而且要把自己推销出去，更快速地进入重要人物的视野，这样我们才能得到更好的发展，也才能得到更多的机会。

人生之中，人人都想得到机会，但是机会从来不是从天而降的。我们必须随时做好准备，才能努力抓住机会，也必须始终保持最佳的状态，才能在机会到来的时候爆发自己的力量，成就不同的自己。在如今的残酷竞争中，人与机会之间，无疑是僧多粥少的关系。所以人人都要努力争取机会，才能在机会的助力下做更好的自己。当然，虽然是争取机会，也是要讲究方式方法的。如今的职场上，很多人为了得到机会，总是不遗余力地努力向前冲，却不知道大家都在等机会，过于急迫未免会导致关系不和，也会使得同事关系变得尴尬。所谓凡事皆有度，过度犹不及，为了争取机会，我们一定要把握好度，避免过度，也避免不足。

作为刚进入公司的新人，赵刚对于工作可是非常用心和积极，甚至让同事都有意见了。这不，在每周一的例会上，上司正在给每个人布置任务呢，才说了一句“这次的任务有些艰巨……”赵刚马上抢先说道：“我，我愿意干！”这个时候，同事们都以怪异的眼神看着赵刚，赵刚却丝毫没有觉察，继续说道：“作为年轻的新人，我就要多工作才能增长经验，才能成长起来。”领导冷冷地说：“这次的任务你作为新人没有资格干，只能给老员工打下手。”赵刚尴尬极了，同事们忍不住笑起来。

一个周五下午，因为有工作没有完成，领导安排大家加班，同事们马上怨声载道：“好不容易熬到周五，怎么还要加班啊！周末我都安排好要陪孩子去看电影了！”在其他同事的怨声载道中，赵刚却不合时宜地说：“我愿意加班，反正我一人吃饱，全家不饿！”这次，同事们给赵刚的不是笑声，而是白眼。渐渐地，大家都越来越讨厌赵刚，还有一些同事对赵刚很排斥呢！

人在职场，我们固然需要和其他人竞争，才能获得更多的表现机会，但是要把握好度。凡事皆有度，过度犹不及，一旦过度，就会导致事与愿违。我们固然不能没有表现，但也不要有过度的表现，否则就会起到不好的效果。

人在面对很多未知的事物时，常常感到恐惧。这是因为恐惧是人的本能，每个人都会因为未知而恐惧。其实，怕是正常的，如果什么都不怕，天不怕，地不怕，反而不正常。对于这个世界带着敬畏之心，努力前行，才能在人生之中有更好的成就和发展。记住，这个时代从来不缺少机会，更不缺少有才之人。我们固然有才华，也要抓住机会，才能得到机会去施展才华，展示自己。尤其是刚刚从象牙塔里走出来的年轻人，更应该在人生道路上无所畏惧地前行，全力以赴地拼搏和进取，才能进入人生的新境界！

记住，你无须讨好任何人

在现代社会中，人脉资源被提升到前所未有的高度，很多人都误以为只要有人脉资源，只要有贵人相识与相助，就可以在人生之中获得更好的成长和发展。我们不可否认人脉资源的确是非常重要的资源，也是现代社会人们获得成功必须具备的条件，但是人脉资源从来不是成功的唯一要素与条件，要想成功，最重要的是提升自己。正如人们常说的，没有金刚钻，就不要揽瓷器活。试想一下，一个人如果只会溜须拍马，即使得到了贵人的赏识，但是却在真正做事情的时候没有做好，岂不是更糟糕？

只有在自身强大的基础上，我们才能把很多事情做得更好。偏偏有很多人本末倒置，他们在前进的道路上，一门心思想要结识贵人，一心一意想要讨好贵人，最终却把费尽心思得来的展示机会白白浪费掉，甚至连自己都对自己失望。除了处心积虑想要结识贵人的人之外，还有一类人也很善于讨好别人，当然他们的目的不是往上爬，而是希望得到别人的称赞。这样的人，就是我们常说的老好人。他们总是不能坚持自己的原则，不管做什么事情都很放纵，也很没有底线。在这样的状态下，他们难免会陷入被动之中，也会因此而对人生感到迷惘和困惑。

作为单位里的新人，妮妮每次对同事们都是有求必应。一开始，她觉得自己作为后来者，应该主动承担更多的工作，这样才能得到大家的提点。后来，看到做好事情之后总能得到大家的感谢，妮妮就真的很愿意把每一件事情都做好。但是，随着为大家做的事情越来越多，妮妮对于自己日渐增多的工作任务却无法按时完成，也因此好几次被上司批评。同事们呢？从一开始得到妮妮的帮忙真心感谢妮妮，到现在再找妮妮帮忙就觉得理所当然，甚至连妮妮有没有时间、是否方便都不问了。有一天，妮妮因为帮一个同事做表格出现错误，被上司狠狠批评。妮妮辩解："这原本不是我的工作，我是帮王姐做的。"上司却恶狠狠地说："我不管你是帮谁做的，反正表格是你做的，出了问题需要你来负责任！"妮妮委屈得泪水在眼眶里直打转，接受她帮助的同事却在一边一声不吭。妮妮认真地想过之后，开始拒绝同事们的求助，拒绝那些在下班的时候随意把各种工作扔到她面前的人。结果，那些不曾真心感谢过妮妮的人，居然开始生妮妮的气。妮妮很清楚，自己必须把该做的事情做好，才能在工作中有更美好的姿态。

对于妮妮而言，这样去帮助他人，反而耽误了自己的工作，的确是得不偿失。当然，不是说我们要对同事的求助完全不放在心上，而是说我们要帮助那些的确需要帮助的同事，而不要总是对于同事漫不经心的请求非常投入，导致不能把分内之事做好。

热心帮助别人的同时，我们还要把握人与人之间的距离。在西方国家，尤其讲究隐私权，就算是排队站在一起，人与人之间也会间隔将近一米，正常情况下很少像我们在国内站队密密麻麻的，没有缝隙。因此，面对他人的频繁求助，我们要学会拒绝。想要主动帮助他人的时候，我们更要保持限度，而不要好心不成，反而引起他人的反感。做人，既不要把自己看得太重，也不要把自己看得太轻。如果总是这样轻飘飘地帮助别人，无形中自己的分量就会变轻，这当然是不好的。当你把握好力度，对人既不冷漠，也不过度热情，你就可以处理好与他人之间的关系，也能让自己的人生有更好的发展。

成为更好的自己，才配得上更多的美好

现实生活中，很多人都在抱怨自己没有好运气，不是说自己没有赶上好的高考政策考入名牌大学，就是说自己付出了很多却没有收获，要不就吐槽男朋友或者女朋友对自己不好，被抛弃。不得不说，在这些人的口中，他们的人生从来没有好的时候，总是各种倒霉各种委屈，就连听的人都快听不下去了。难道命运会专门捉弄某一个人吗？当然不会。就像命运从来不会故意偏袒或者青睐一个人一样，命运也从来不会捉弄一个人，所以哪怕遭遇生命的坎坷和困境，也不要总是对命运有太多的抱怨。只有怀着坦然的心境面对和接纳命运的一切馈赠，我们才能更加有的放矢地面对人生，也才能在生命的历程中做好自己该做的事情，实现自己的梦想。

有人说，琼瑶的爱情故事毒害了很多人，这种说法其实是有道理的。现实生活中，很多女孩因为受到琼瑶剧的影响，对于爱情总是怀有不切实际的梦想，甚至误以为自己即使作为灰姑娘也一定会遇到白马王子。实际上，这样的误解往往会使得我们错失真正的爱情，那就是有一个并不那么完美的人，需要我们与之携手并肩在人生的道路上砥砺前行。生活从来不是顺遂如意的，爱情更不会像我们所渴望的那样灼热和纯粹。只有不断地努力前行，只有持之以恒地进取，成就更美好的自己，才能遇见更美好的未来。记住，在这个世界上除了父母之外，没有任何人必须宠

爱我们，所以我们必须更加辛苦和努力，才能在奋进的过程中变得更加坚定不移，变得更加不忘初心。也有一些女性对于爱情持有奋不顾身的态度，总觉得自己只要足够努力，坚持付出，就一定会收获更美好的爱情。实际上，爱情既不是一味地索取，也不是一味地付出就能得到的。只有不卑不亢，让自己成为一棵树，才能在爱情中长成一棵树。正如台湾著名诗人舒婷所说的，不要当攀援的凌霄花，而是要以树的想象与所爱的人比肩而立。

在两情相悦的爱情中，我们必须与所爱的人相互理解，相互尊重，才能更好地磨合，获得更协调的成长。很多人对于所爱的人往往没有深刻的理解，也不懂得对方的爱，或者自己虽然很好，却不能被对方所珍惜和了解，这样的爱情显然缺乏相互理解的共同基础，也会导致爱情不能合拍，甚至出现很多相互影响的因素。

记住，人生中没有任何一段困难是白白经历的。不管何时，不管是沉寂还是肆意张扬，我们都要做更好的自己，才能在人生的道路上静待花开。

在爱情中，张爱玲把自己低到了尘埃里。虽然胡兰成并不那么专情，还常常给她带来很多麻烦，但是她从未嫌弃过胡兰成。她那么骄傲，那么清高，却把自己在胡兰成面前无限地放低。即使在胡兰成与护士小周有了婚外情，甚至在隐瞒着张爱玲的情况下与小周结婚，张爱玲也没有那么恨胡兰成。相反，她还把自己的稿费用于接济胡兰成，可谓对胡兰成做到了仁至义尽。

然而，即便如此，张爱玲也没有得到胡兰成的真心，最终被伤害得体无完肤，不得不选择独自疗伤。直到遇到赖雅，张爱玲一颗孤独漂泊的心重新得到了安慰，为此尽管赖雅又懒又穷，张爱玲也始终不离不弃守护在他的身边，也始终与他相依相伴，执手不离。最终，赖雅还是先走一步，孤独的张爱玲也在颠沛流离一段时间之后去世，晚景凄凉。

作为民国时期的大才女，张爱玲很张扬，说着“出名要趁早”，却因为选择和汉奸胡兰成在一起，个人的发展受到很大的禁锢。但是，即便张爱玲把自己低入尘埃里，也没有成功地获得胡兰成的爱情，在和胡兰成在一起3年之后她被伤害得体无完肤，身心都受到很大的伤害。直到疗伤很久，才慢慢复原。如果张爱玲对于爱情的态度也能那么清高孤傲，也能坚持做最好的自己，也许结果就会不同。

人生在世，不管是女性还是男性，永远不要迫不及待地迎合身边的人，更不要因为对的人迟迟没有出现，就对此心急如焚。记住，只有先成为更好的自己，我们才有可能遇到对的人，才有可能遇到优秀的人。如果我们总是在成长过程中感到迷惘和困惑，也总是对人生有太多的未知可能性，则一定会感到非常迷惘，也会感到内心焦虑不安，最终的结果是仓促找到一个错的人，导致自己的人生发展也陷入困境，甚至是绝境。

每个人在这个世界上生存，并不是为了满足自己对于爱情的渴望，而是要能够成为自己，成为更好的自己。正如人们常说的，你若盛开，清风自来，这就告诉我们每个人都有可能遭受人生的困厄，最重要的是要努力向前，给予自己的人生更多的机会和可能性，人生才能真正绽放。记住，失去爱情并不可怕，最重要的是不要失去自己。如果总是在爱情中迷失，如果总是因为人生的困厄而对自己毫无信心，这样的将来也必然黯淡无光，也必然导致人生陷入困局。只有成为更好的自己，你才能把握自己，也才能掌控人生！

努力争取，得到想要的一切

在现实生活中，每个人都有很多欲望，都希望在欲望中沉沉浮浮的时候，能够获得更多。也有很多人总是抱怨自己付出得太多，得到得太少。实际上，命运总是公平的，它在给人关上一扇门的同时，还会给人打开一扇窗。最重要的是，我们一定要非常坚持努力，才能在成长的道路上更多地成就自己。任何时候，人生都没有回头路可走，只有不断地努力上进，持续进取，我们才能在人生的道路上勇敢无畏，努力前行。记住，生命没有更多的门槛，我们必须全力以赴前进，才能在成长的道路上拥有更多的成长机会，也获得更多的机会和可能。

作为普通人家的孩子，我们虽然没有含着金汤匙出生，也许努力奋斗一生也无法达到富贵人家的孩子一出生就拥有的高度，但是这并不意味着我们要放弃，也并不意味着我们一定不会成功。人生中，每个人都有独属于自己的生命机缘，也有独属于自己的成功，一定要全力以赴做好该做的事情，才能在未来更加努力上进。还需要注意的是，人生是可以逆袭的，最重要的在于我们的心要始终坚持进取。否则，即便机会摆在你的面前，你也未必能够抓住它，更不可能真正成功。

作为一家公司的前台文秘，罗丹非常努力，总是竭尽所能把该做的工作做好，每当工作清闲的时候，她还会主动为办公室里的同事服务。这段时间，正值公司的销售旺季，因此整个公司的人都非常忙碌，不管是策划部、销售部，还是后勤部，都在各司其职，如同陀螺一样转个不停。罗丹在前台不那么忙碌的时候，就会去各个办公室里帮忙做些力所能及的事情。后来，罗丹发现大家一旦忙起来就会忘记吃饭，等到要吃饭的时候，又没有可口的饭菜可吃。罗丹灵机一动，联系了几家比较优质的快餐，要来菜单，每天中午11点多的时候，就会挨个部门统计订餐，保证大家在12点左右都能吃到美味可口的快餐。渐渐地，罗丹对于同事们的口味也非常了解，很多同事甚至直接把订餐的任务交给罗丹，由罗丹代为完成。罗丹也总是不负众望，把订餐任务完成得很好。后来，罗丹成为整个公司里最不可或缺的人物，也得到了同事们的一致认可与好评。

等到公司里需要一位办公室主任的时候，参加竞聘的罗丹获得了最高的投票，直接从前台文秘晋升为办公室主任。晋升之后的罗丹丝毫没有骄傲，依然尽心尽力为同事们订餐，工作上自然也得到了同事们的大力支持，发展得顺风顺水。

任何时候，人生都需要用心经营，才能得到收获。在如今的职场上，有很多年轻女孩都和罗丹一样是普通的文职人员，但是为何罗丹能够脱颖而出，她们却不能呢？这是因为罗丹很用心，而她们却做着最简单的本职工作，从来不会对工作付出更多的辛苦与努力，导致在工作的过程中迷失自我。

没有人能够给予你想要的，即使作为父母，也只能尽量去照顾你，而不能给予你更多的未来。记住，人生没有回头路可以走，对于每个人而言，人生只有一次机会，既然如此，我们就要在人生中奋力前行，唯有如此，才能更加积极地畅行人生，也才能在人生中事半功倍。

有些人做事情喜欢跟风，殊不知，要想从人群中脱颖而出，我们一定要有敢为天下先的精神，这样才能争取成功，也才能在成长的道路上不断地努力前行，做好自己。机会对于每个人都是公平的，但是把握机会的时机和方式很重要。如果一个人总是盲目跟风，就无法得到机会，而如果能够在很多人都不看好一件事情，或者都没有意识到机会到来的时候，就准确地抓住机会，把握机会，就会获得成功。

第08章

每个优秀的人，都有一段沉默的时光

没有人生而优秀，每个人从呱呱坠地开始，到不断地成长，总是需要花费很多的时间去慢慢积累，点点滴滴地聚集，才能得到更多的收获。人生也不会一直都顺风顺水，常常会遭遇各种坎坷和挫折。即使在沉默的时候，也不要迷失自己的内心，而是要更加牢记人生的方向，从而坚定不移，勇往直前。

成功之前先要经历时光的雕琢

这个世界上，从未有一蹴而就的成功，也没有天上掉馅饼的好事。很多时候，我们看到别人有所收获，有所成功，就会非常羡慕。殊不知，别人的成功看似一夜成名，而实际上在真正功成名就之前，却经历了各种坎坷挫折与磨难，不知道坚持了多久，付出了多少汗水，才获得成就。

人都有比较的心理，在日常生活中，当看到别人获得成功，或者有很大的收获时，我们难免会郁郁寡欢，很失落。实际上，我们与其不断地陷入被动状态，让自己的内心慌乱无比，不如调整好心态，平静淡然面对人生的一切，这样才能让自己心情愉悦，积极主动地面对生活和工作。

在如今的时代里，每个人要想生存都会非常艰难。在这种情况下，人人都承受着巨大的压力，人人也都变得紧张焦虑。常常听到有人说“如果我爸爸是马云多好”“上班就像上坟一样沉重”“每一天的生活都一成不变，人生一眼看到死”等。诸如此类的话明显地表现出人们的焦虑心态，也有很多人常常会在这样的过程中迷失自我。其实，与其说这些抱怨的丧气话，还不如努力提升和完善自己，以更加积极的心态面对生活。不可否认的是，在生活的重压之下，的确有很多人对于生活会怀有负面情绪，也会怀有抱怨的心态。尤其是在大城市里，很多年轻人每天的生活就是早早起床，披星戴月回家，无形中就把个人时间挤压了很多。尤其是到了周末，他们因为疲惫，根本不想参加娱乐活动，只想待在家里睡懒觉。不得不说，这样的状态是很糟糕的，所以，很多年轻人都抱怨自己是在生存，而不是在生活，这当然会使他们感到身心俱疲。

在日复一日枯燥乏味的生活中，很多人都忍不住会问："我这么疲惫辛劳，到底是为什么呢？"的确，当生活只剩下忙碌，工作就成了生活的全部，而生活本来的意义却被挤压消失。当偶然回顾生活的时候，我们会忍不住抱怨：为何别人都过得那么好，唯独我这么辛苦、疲惫甚至完全失去了自己呢？其实，你只是误以为别人都生活得很好，而且潇洒惬意，真相是大多数人都生活得很疲惫，尤其是在人生中的很多时候，他们都在默默地坚持和努力。所以不要误以为别人都生活得很好很轻松，也不要觉得自己辛苦奔忙就活得很糟糕。更多的时候，成功之前总会有很多失败来袭，黎明之前也总会有最黑暗的时刻降临。最重要的在于，我们一定要坚持，绝不放弃，这样才能获得成功，才能全力以赴做好自己该做的事情，不虚度光阴。

大学毕业后，雅芝不想和其他同学一样四处辛苦地找工作，而是想靠着自己的努力成立一家淘宝店铺。雅芝取得到爸爸妈妈的同意，并从爸爸妈妈那里得到了第一笔启动资金后，就掀开了人生的新篇章。

然而，开淘宝店铺并没有那么容易。每天，雅芝都要辛苦地上新，还要拍摄各种图片发布到淘宝上。长此以往，雅芝非常辛苦和疲惫。每当想要放弃的时候，她都会说服自己一定要坚持。有一段时间，雅芝的淘宝店铺简直到了入不敷出的地步。她甚至有想要把店铺关掉的念头，但是一想到成功总是不容易获得的，她又说服自己坚持下去。如此过了很长时间，雅芝的淘宝店铺生意才转好，雅芝为此感到非常欣慰和满足。

如果雅芝轻而易举就放弃了，显然，她根本不可能获得后来的成功。正是因为雅芝一直都在坚持，她才能够看到转机，把淘宝店铺经营得越来越好。很多事情，都是先苦后甜的，甚至还是一波三折的。所以当你做事的过程中遭遇挫折，不要悲观，也不要绝望，而是不管遭遇怎样的困境都心怀希望，都努力坚持下去，这才是最重要的。

现实生活中，从未有人能够轻而易举获得成功，成功的人都具有坚韧不拔的精神。记住，熬，是人生的秘诀和成功的途径。

摆正心态是成就你的重要因素

在成长的道路上，人有趋利避害的本能，每个人都希望自己得到更多，而付出更少，然而，这样的好事情是很难见到的。人生中，不如意是常态，常常会遭遇坎坷，只有非常坚持和努力，熬过那些艰难的时光，我们才能从绝境中摆脱出来，成就更完美的自己。

现实生活中，人与人之间并不能做到绝对的平等。例如，有的人不但有显赫的家世，自身也非常努力，而有的人虽然家境普通，却很有天赋。和这两类人相比，那些既没有家世也没有天赋的人，就会显得很被动，也常常会对自己的成长产生焦虑疲惫的情绪。其实，从根本上而言，一个人不经历就无以成经验。任何时候，我们都要积极地去经历人生中的很多事情，也要更加用心地面对生活，才能在人生中有更美好的成长。还需要注意的是，人生总是由各种经历组成，越是觉得人生坎坷，境遇崎岖，我们越应该努力坚持。如果遇到小小的困难就退缩，遭遇挫折就胆怯，我们会一事无成。

人是群居动物，每个人都在这个社会群体中生存，都需要做更多的事情，才能真正证明自己，成就自己。偏偏有很多人，面对人生的困厄，内心充满迷惘和困惑，并且认为人生有太多的被动和困境。实际上，人生不如意十之八九，不如意就是人生的常态，我们每个人都要非常认真和用心体验，才能在经历之后成长起来，走向成熟。

尽管人要在社会之中生存，也需要做好很多事情才能成长，但是对于人生的很多选择和决定，还是要由自己做出来。例如，有的人常常会在人生之中感到迷惘，也总是在面对人生的时候内心感到惶恐不安。实际上，对于每个人而言，只有自己做出选择，才能为选择负责，也才能在人生的诸多道路中有更好的发展。还记得北大毕业生回家乡卖猪肉的新闻吗？在当时，这个新闻可是引起了轩然大波，也有很多人为此展开了热烈的讨论。有人说北京大学毕业却去卖猪肉，那还不如高中毕业直接卖猪肉，省得这么辛苦学习了呢！也有人说，北大毕业生去卖猪肉，简直是给父母的脸上抹黑。还有人说，这是作秀，是为了出名。然而，时间过去这么多年，当年那个卖猪肉的北大毕业生已经创造了自己的奇迹。他拥有一百多家猪肉连锁店，每年的营业额都有两亿多。周围人都称呼他为“猪肉大王”，不得不说，这个北大才子卖猪肉的确很有策略，也很有战术啊！他的成功告诉人们，三百六十行，行行出状元，卖猪肉也能卖出成绩来！

尽管人们常常把行业不分贵贱挂在嘴边，但是在现实中，还是有很多人会把一些行业看得很低，也会情不自禁对这些行业有看法，有误解。要想真正让自己在普通的工作和事业中获得成长，我们就要端正心态，把很多事情都做好，也才能在成长的过程中坚持前行。古往今来，那些能够取得成功的人，都是可以把别人的质疑放下的人。而那些总是与成功失之交臂的人，就是因为他们面对成功，不知如何调整好自己的心态，也不知道怎样才能全力以赴做好自己该做的事情。当他们面对别人的评价、议论和质疑时，无形中就怯懦了，放弃了。不得不说，这对于人生而言是非常糟糕的。

古人云，十年磨一剑，这句话也从侧面告诉我们要想把一件事情做成功，需要付出很多辛苦和努力。每一个成功者，也许有着天时地利人和等各个方面的条件，却更加需要内心笃定和从容。尤其是在如今的时代里，万事万物发展的速度都很快，很多人的内心深处都充斥着各种各样的欲望，就更要笃定自己的内心，不要因为急功近利最终失去进步的空间，而是要更加努力从容，做好自己该做的事情，才能积少成多。西方国家有句谚语，罗马不是一天建成的。在生活中，也常常会有人说，胖子不是一口吃成的。因此，我们一定要摆正心态，对待人生中的很多事情都要全力以赴去做好，虽然要拼尽全力，却要顺其自然接受结果的到来，这样才能让自己拥有好心态，也才能在人生中积累更多。

不抱怨，人生才能勇往直前

前文曾经说过，人生不需要抱怨，这是因为在成长的道路上，我们总会面临各种各样的坎坷境遇，如果一遇到困境就抱怨，那么人生就会变得很被动。的确如此，抱怨非但不能解决问题，反而是一种非常有害的负面情绪，常常会使人陷入负面状态之中，变得越来越郁郁寡欢。所以说，我们宁愿笑着面对很多困难，也不要哭着面对这一切。抱怨只会让问题恶化，我们为何要不停地抱怨，为何总是让自己陷入困顿之中呢？记住，人生没有回头路可走，任何时候，只有不抱怨，人生才能勇往直前！

现实生活中，人人都希望自己的事业能够得到发展，也获得更好的成长。实际上，那些在职场上叱咤风云、呼风唤雨的人，都是积极向上、从不抱怨的人。面对人生的各种困境，他们从来不抱怨，只会更加奋发向上，从而让人生呈现出更好的状态。常言道，人生不如意十之八九，不如意就是人生的常态，既然如此，我们为何要抱怨呢？对于人生的各种状态，我们一定要更加努力，才能执着向前。尤其是作为现代社会的年轻人，一定不要在遭受小小的委屈和磨难之后，就自暴自弃，或者抱怨自己没有更好地成长。任何时候，我们都要全力以赴做好该做的事情，才能有的放矢去面对人生，才能在成长的道路上有更多的未来可以期待。

成功学大师卡耐基曾经说过：“人生的道路上，与其抱怨别人没有重视你，不如认真反省自己，从而提升和完善自己。”的确如此，抱怨是不能让自己变得受欢迎的。只有不断地成长，努力进取，我们才能让自己变得强大起来。正如人们常说的，只有成为更好的自己，才能配得上更好的未来。既然如此，就让我们停止抱怨，从现在开始修复自己的内心，让自己变得更加理性坦然吧。

大学毕业后，毛毛进入一家图书公司开始工作。这家图书公司的实力不是很强，所以员工的薪水待遇属于低档水平。很多和毛毛一起进入公司的同事，总是抱怨自己的付出没有得到回报。

但是毛毛却始终坚持努力工作，任劳任怨。有段时间里，公司的工作任务特别重，经常需要加班，导致好几个同事都辞职了，没辞职的同事也总是躲避工作任务。只有毛毛主动加班，从不抱怨，而且承担了好几个重要的工作。

很多同事不理解毛毛为何这么辛苦和努力，也常常说毛毛很傻，毛毛却说："趁着年轻，多干些工作才能多学习，这也是一种成长。"正是抱着这样的心态，毛毛在几年之后成为责任编辑，随着职位的升高薪水也水涨船高。进入新的职业发展生涯的毛毛，依然不吝啬力气，常常主动承担起很重要的工作。毛毛在入行10年之后，对于工作中的很多环节都特别熟悉，居然成立了自己的图书公司。

作为年轻人，不要总是抱怨自己没有得到更多的好机会，而是要反省自己是否已经足够努力。爱抱怨的人，从内心深处而言是很怯懦的，也缺乏自信心，所以他们才会忧愁和郁闷。与其徒劳地抱怨，给自己和身边的人都带来很多负面影响，不如积极主动做好自己该做的事情，这样才能有的放矢地面对人生，也才能积极主动弥补不足，收获更多的成长。

任何时候，毫无意义的抱怨对于解决问题没有任何好处，只有冷静理智地分析问题，才能有针对性地解决问题，也才能让人生更进一步。记住，你不抱怨了，才会距离成功越来越近，否则只会距离成功越来越远，也会导致自己陷入各种困境中无法自拔。

保持平静的内心

人生漫长道路上，不可能一路高歌猛进，有时也会陷入谷底。不管是在人生中绚烂的时刻，还是在人生中消沉的时刻，我们都要保持一颗平静的心，这样才能有的放矢、从容不迫地获得成长。如果在高兴的时候就得意扬扬，在失意的时候就神情沮丧，我们一定会陷入被动的状态之中，也会因为内心平静被打破而变得很无奈。

每个人生活在世界上，都要面对形形色色的人和事。当面对纷繁复杂的生活时，与其心中波澜起伏，不如有的放矢面对人生，全力以赴做好该做的事情，这才是最重要的。保持平静的内心，人生就不会被各种烦恼扰乱，保持平静的心绪，人生才会有更美好的未来。记住，世界上并没有绝对的对错，也没有绝对的成败，只有在人生的道路上奋力前行，人生才会有更好的发展和成长。

最近一段时间，莉莉觉得自己的内心一点儿都不安静。她原本是一名老师，过着很安静的生活，每天按部就班。但是，自从她的一个闺密开始做安利，她内心就随着闺密的安利事业变得不安分起来。一开始，莉莉坚决认为闺密的安利事业不可能获得成功，但是随着闺密不断努力，事业越来越好，莉莉的内心就失去平衡。闺密原本是没有工作的，被莉莉称为 “无业游民” 。但是，现在眼看着“无业游民”的状态越来越好，挣钱也比自己多，还过得潇洒，莉莉内心失去了平衡。

有一段时间，莉莉特别想躲起来，一方面她没有决心和毅力跟着闺密去做安利事业，另一方面她又觉得原本旱涝保收的教师工作的确是很劳神费力、没有前途的。正是在这样纠结的状态中，莉莉变得越来越郁闷。她进退两难，拿不起，也放不下。经过很长时间的思考，莉莉终于痛下决心，说："我以后再也不要因为闺密挣钱多就心里不平衡了，我还是认真工作，争取早日评上职称吧！做安利销售虽然好，但也不是每个人都适合做呀！"摆正心态之后，莉莉专心致志做好分内工作，而且还利用闲暇时间考取了研究生。

每个人都有属于自己的人生，任何时候，我们都要坚持自己的人生道路，而不要看着别人获得了成功就马上变得冲动，失去了本心。任何时候，我们都要认真坚持，努力进取，才能在成长的道路上越走越好，也才能在未来的人生道路上有更好的成长。如果人生陷入困顿之中，未来也就变得更加迷惘和不可预期。在这个世界上，成功的人有很多，但是我们未必能够模仿所有人的成功，一则是别人的成功未必适合我们，二则是就算真的因为模仿别人的成功而获得胜利，我们也不算是真正的成功，因为我们丢失了自己。保持内心的安静平和很重要，只有内心不断成长，人生持续进步，我们的人生才会有美好的未来。任何时候，我们都要坚定不移做自己，也要全力以赴奔向未来。唯有如此，我们才能更加努力进取，也才能获得切实的进步。

社会发展越来越快，作为在社会中生存的个体，我们必须摆正心态，才能做到更好。如果我们也随着社会沉沉浮浮，始终无法静下心来，那么日久天长，我们就会失去自我。一个人，唯有内心笃定充实，才能成为自己的主宰，才能真正地把握人生。

控制好情绪，耐得住寂寞

人生，不会永远繁花似锦，在繁华过后，我们也许会陷入负面情绪之中，也许会感到人生的寂寞和无聊。在这样的清冷寂静中，如果心中很沮丧绝望，未免就会因为泄了气而彻底失去奋斗的欲望。任何时候，心中的那口气是不能松懈的，只有绷住气，才能更好地成长，也才能在寂寞到来的时候，坚持住，绝不轻易放弃。

人是情绪动物，每个人都会有情绪。尤其是在人生中遭遇很多事情的时候，情绪的波动和冲击力会更大。在这种时刻，如果不能控制好自己，总是冲动、愤怒，让情绪的火焰在心中熊熊燃烧，则会失去理智。曾经有心理学家经过研究发现，愤怒会使人失去理智。这是因为愤怒的人暂时会失去思考的能力，面对艰难的处境，根本无法应对。所以，一个人要想真正成为自己的主宰，一定要控制好情绪，千万不要让情绪的怒火冲昏自己的头脑。只有时刻保持冷静，只有全力以赴做到最好，我们才能不断地成长，也才能持续地进步。

自古以来，先哲们对于控制情绪就有很好的理解和安排。古人云，小不忍则乱大谋，就告诉我们不能控制情绪的危害性。2018年发生的重庆公交车坠江事件，如果那位坐过站的女乘客能够控制好情绪，不与司机吵架，而那位司机也能控制好情绪，不冲动地打方向盘，那辆公交车上的所有人就不会沉入江底。从古至今，很多人因为不能主宰自身的情绪而陷入糟糕的状态之中，周瑜就因为气愤而吐血身亡，如果他能够控制好自己，把很多事情都做好，那么他就会取得更伟大的成就。

美国经常在各所大学之间开展橄榄球比赛。有一次，怀俄明大学队与夏威夷大学队进行比赛。夏威夷大学队发挥不好，进行到中场的时候，还没有得到一分，而怀俄明大学队已经得到了22分。面对这种溃不成军的状况，夏威夷大学队的全体队员都很沮丧和无奈。教练看着他们，非常着急，思来想去，教练想到了一个办法。

趁着队员们中场休息的时候，教练拿出一本剪报，把报纸呈现给队员们看。原来，在一页报纸上，记载着一个传奇故事，从这个故事里可以看出，已经濒临失败的队员们在败局面前始终保持信心，坚定信念，最终转败为胜，获得了成功。毫无疑问，这个励志的故事就像一针强心剂，激励了队员们。中场休息之后，队员们个个如同猛虎下山，很快就接连得分，气势越来越足，最终成功地扭转败局，以27分比22分的成绩，胜了怀俄明大学队。

相信怀俄明大学队一定很奇怪，原本他们已经胜券在握，而夏威夷大学队的失败也几乎已成定局，为何夏威夷大学队就像变了一个队伍一样，每个队员都非常勇敢，且以一当十呢？

夏威夷大学队伍之所以能够反败为胜，就是因为在教练的激励下，队员们成功地控制了自己的情绪，及时调整好心态，这样才能把球打得更好，也才能战胜怀俄明队。任何时候，管理情绪都是一门学问，更是人生的艺术。每个人都有情绪高昂和亢奋的时候，也有情绪低落和消沉的时候。在情绪波动的时候，一定要控制好自己的情绪，才能真正成为自己的主宰，获得充实美好的人生。

现代社会，生活节奏越来越快，人生中随时都会面临各种困境。很多时候，我们不是被困境打倒的，而是被自己打倒的。只有不断地努力向上，奋勇向前，突破内心的局限，才能突破和超越自己，做得更好。人生中总有高潮和低谷，只有不断地努力进取，才能成就自己。记住，只有真正能够控制情绪的人，才是人生的强者和主宰。

把冷板凳坐穿，把寂寞焐暖

屠呦呦获得诺贝尔化学奖，让世界都为之震惊。实际上，在获得诺贝尔化学奖之前，她一直坚持医药学研究，没有名利，没有特别多的收获，但却始终坚持进取，不愿意放弃。如果没有平日里的积累和坚持，她如何能够获得成功呢？

很多不知道屠呦呦的人，都很惊讶："屠呦呦怎么突然就获得成功了呢？"实际上，屠呦呦之所以获得成功，是因为她一直在努力，一直在付出，而且从来不害怕寂寞，更不害怕坐冷板凳。所以她才能够有的放矢去面对人生，也才能不忘初心，方得始终。

现实生活中，有太多人都想获得成功，却始终不能如愿。这是为什么呢？是因为他们在做事的过程中，不够坚持，总是在不知不觉中就选择放弃。日久天长，他们当然会失去各种好机会，也会在成长过程中陷入很多的困境和疑惑之中。实际上，人生从来没有天上掉下来的成功，一个人要想成功地做事情，就绝不可能不经历任何坎坷挫折。我们必须认清这个现实，必须更加努力做到更好，才能有的放矢获得成功，全力以赴获得成长。

2012年，莫言获得诺贝尔文学奖。在世界文坛上，莫言是第一位获得诺贝尔文学奖的中国作家，也是中国人的骄傲。他之所以能够获得诺贝尔文学奖，绝非偶然，而是因为他能够耐住寂寞，也能够始终在文学的道路上努力进取，获得成长。

早在获得诺贝尔文学奖之前，莫言就已经在文学的道路上执着前行了很久。他一直在坚持创作，从未因为任何原因而放弃过。在2012年获得诺贝尔文学奖之前，他已经获得了很多奖项。然而，即便如此，莫言依然是不为人们所熟知的。在获得诺贝尔文学奖之后，莫言似乎一夜之间火了起来，但是他并没有因此而感到骄傲，而是很淡定，告诉自己先高兴一个小时，接下来继续努力创作。就这样，莫言一直在努力创作优秀的作品，他最想做的事情就是创造出更多的作品。

莫言之所以能够获得这么大的成功，一定有他的原因，但是有一点毋庸置疑，那就是莫言非常喜欢自己正在做的事情，也在做好这些事情的过程中，得到满足和快乐。正如人们常说的，兴趣是最大的老师。古往今来，很多伟大人之所以能够获得成功，并非因为他们急功近利，而是因为他们始终都在坚持做自己喜欢的事情，也坚持把事情做得更好。

在喧嚣的状态下，人们很难有的放矢完成更多伟大的事情，而只有在孤独寂寞的状态下，他们才能把事情做得更好，也才能找到内在的驱动力。尤其是在如今的职场上，我们更要努力奋斗和进取，才能让事情有好的发展，也才能让人生有更美好的成长和未来。记住，成功只属于耐得住寂寞的人，只有坚定不移地把冷板凳坐穿，我们才能在成功的道路上不断地努力进取，获得更大的成功和更丰厚的收获。

参考文献

[1] 倪浩，张淑娟. 不吃苦，不奋斗，你要青春干什么[M].北京：企业管理出版社，2017.

[2] 超级玛丽. 你不努力，没人能给你想要的生活[M].南昌：百花洲文艺出版社，2017.

[3] 汤木. 将来的你，一定会感谢现在拼命的自己[M].南昌：江西教育出版社，2018.